U0335882

国家出版基金项目
NATIONAL PUBLICATION FOUNDATION

"十四五"国家重点出版物出版规划项目

"双碳"目标下清洁能源气象服务丛书

丛书主编：丁一汇　　丛书副主编：朱 蓉　申彦波

陕西风能资源及开发利用

孙 娴　雷杨娜　何晓嫒　等 著

气象出版社
China Meteorological Press

内 容 简 介

本书全面总结了陕西省风能资源普查、详查以及风能研究课题的最新成果,详细阐述了陕西省复杂地形下风工程气象参数变化特征、潜在风电场选址方法、风电场风能资源评估技术和风电开发气象灾害风险评估技术等,并从多方面详细介绍了陕西风能资源的高分辨率数值模拟技术在风电场选址、风电场预(中期)评估和综合评估的应用。

本书可供风能资源开发利用领域的研究人员、工程技术人员和管理人员使用,也可为从事风电开发建设的单位提供参考。

图书在版编目（ＣＩＰ）数据

陕西风能资源及开发利用 / 孙娴等著. -- 北京：气象出版社，2024.6
（"双碳"目标下清洁能源气象服务丛书 / 丁一汇主编）
ISBN 978-7-5029-8207-2

Ⅰ．①陕… Ⅱ．①孙… Ⅲ．①风力能源－资源开发－研究－陕西②风力能源－资源利用－研究－陕西 Ⅳ．①TK81

中国国家版本馆 CIP 数据核字(2024)第 108434 号

陕西风能资源及开发利用
Shanxi Fengneng Ziyuan ji Kaifa Liyong

出版发行：气象出版社

地　　址：北京市海淀区中关村南大街 46 号　　邮政编码：100081
电　　话：010-68407112(总编室)　　010-68408042(发行部)
网　　址：http://www.qxcbs.com　　E-mail：qxcbs@cma.gov.cn
丛书策划：王萃萃　　　　　　　　　终　审：张　斌
责任编辑：王　迪　　　　　　　　　责任技编：赵相宁
封面设计：艺点设计　　　　　　　　责任校对：张硕杰
印　　刷：北京地大彩印公司
开　　本：787 mm×1092 mm　1/16　　印　张：9.5
字　　数：243 千字
版　　次：2024 年 6 月第 1 版　　　　印　次：2024 年 6 月第 1 次印刷
定　　价：100.00 元

著者名单

孙　娴　　雷杨娜　　何晓嫒　　魏　娜
毛明策　　程　路　　胡　琳　　王娟敏
张　侠　　王　琦　　王　娟　　苏雨萌

丛书前言

2020 年 9 月 22 日，在第七十五届联合国大会一般性辩论上，国家主席习近平向全世界郑重宣布——中国"二氧化碳排放力争于 2030 年前达到峰值，努力争取 2060 年前实现碳中和"。 这是中国应对气候变化迈出的重要一步，必将对全球气候治理产生变革性影响。 加快构建清洁低碳、安全高效能源体系是实现碳达峰、碳中和目标的重要部分，近年来，我国清洁能源发展规模持续扩大，为缓解能源资源约束和生态环境压力做出了突出贡献。 但同时，清洁能源发展不平衡不充分的矛盾也日益凸显，不能满足当前清洁能源国家统筹、省负总责，建立国家和省两级协调，以省为主体统筹开展基地开发建设的发展需求，高质量跃开发展任重道远；各地区资源分布不均衡，需要因地制宜、分类施策，准确识别各区域具备开发利用条件的资源潜力至关重要。 因此，迫切需要提高清洁能源气象服务保障能力。

风、光等作为气候资源，必然受到气象条件的影响，气象影响贯穿电场建设运行的始终，气象服务保障、气候评估等工作至关重要。 气象部门以服务需求为引领，积累了基础风能太阳能资源观测资料，开展了资源评估，形成了风能太阳能资源监测和预报能力。 面对目前的挑战和需求，气象出版社组织策划了"'双碳'目标下清洁能源气象服务丛书"（以下简称"丛书"），丛书系统全面介绍了包含陆上风能、海上风能、太阳能、水能、生物质能、核能等清洁能源特征，及其观测、预报预测、资源评估和开发潜力分析，相关气象灾害及其评估、预测与预警，各区域清洁能源发展规划、对策等新成果，介绍了各区域清洁能源开发利用气象保障服务体系框架、典型案例、应用示范以及煤炭清洁高效开发利用等方面的代表性成果，为助力能源绿色低碳转型，保障能源安全，实现碳达峰、碳中和目标，应对气候变化，促进我国经济社会高质量可持续发展提供科技支撑与服务。

　　丛书涵盖华北、东北、西北、华中、东南沿海、西南、新疆等区域中风能、太阳能等资源丰富和有代表性的地区，并覆盖水资源丰富的长江、黄河、金沙江、西江流域等，覆盖面广，内容全面，兼顾了科学性和实用性，既可为气象、能源、电力等相关领域的科研、业务人员提供参考，也可为政府部门统筹规划、精准施策提供科学依据。中国气象局首席气象专家朱蓉研究员和申彦波研究员作为丛书副主编，为保障丛书的顺利编写和出版做出了重要贡献；丛书编写团队集合了清洁能源气象观测、预报、科研、业务一线专家，涵盖了全国各区域的清洁能源科技创新团队带头人、首席专家和技术骨干，保证了丛书的科学性、权威性、创新性。

　　丛书得到中国工程院院士李泽椿和徐祥德的支持和推荐，列入了"十四五"国家重点出版物出版规划项目，并得到国家出版基金资助。丛书的组织和实施得到中国气象局、相关省（自治区、直辖市）气象局及电力、水利相关部门领导和专家的全力支持。在此，一并表示衷心感谢！

　　丛书编写出版所用的基础资料数据时间序列长、使用要素较多，涉及专业面广，参与编写人员众多，组织协调工作有一定难度，书中难免出现错漏之处，敬请广大读者批评指正。

丛书主编：丁一汇

2024 年 5 月

本书前言

陕西省位于中国内陆腹地，是我国重要的能源基地之一。陕西石油保有储量排在全国第三位，煤、天然气保有储量均排第四位，形成了产业结构以重化工业为主导的，能源结构以煤炭为主导经济格局，化石能源在一次能源消费结构中占比较高。因此，在注重能源安全、实施减排的今天，大力发展清洁可再生能源对陕西优化能源结构、满足日益增长的能源需求都意义重大。

风能是一种重要的清洁能源，在减缓全球气候变化、确保能源安全等方面发挥着重要作用。风能无疑是21世纪解决人类能源需求的重要途径之一，风能在世界能源体系清洁化转型过程中发挥着关键作用。大力发展风电产业已经成为国家可持续发展战略的重要组成部分。我国风能资源丰富，开发潜力大，近10多年来发展迅速。据国家能源局统计，截至2022年底，风电装机容量约3.7亿千瓦，成为我国第四大电力来源。陕西省风能资源丰富，尤其是在陕西北部风能资源富集，具备大规模开发条件。因此，加快陕西风电发展对提高我省可再生能源比例、优化能源结构、促进节能减排、建设生态陕西意义更非比寻常。

但是，风是大气流动的产物，风能资源的形成受天气气候和地形条件影响，具有不稳定性。同时，风力发电机的大型化和风电场的复杂化，使得风力机组所承受的风况条件更加复杂，对风的研究也就因此变得更加重要。因此，全面详细地开展风能气象参数、风能资源分布、风电场微观选址和风资源评估研究，有利于科学高效地引导风能资源的开发利用和保护，具有十分重要的实用价值。

本书紧密结合陕西风电开发的实际需求，综合了陕西省风能资源普查、详查及风能相关课题的研究成果，较为全面地介绍了陕西风能资源的特点，科学准确估算我省风能资源储量、技术可开发量和精细化分布，并从风电场开发的角度，详细分析了陕西复杂地形下风电工程气象参数的变化特征、潜在风电场选址方法、从多方面、多角度开展风电场风能资源评估技术研究，为风电开发提供科学依据。

本书共分7章，第1章介绍风能开发利用的历史及现状，由孙娴完成；第2章地表风速变化特征及其影响因子由魏娜完成；第3章着重介绍了陕西省风能资源详查的成果，由何晓嫒、孙娴完成；第4章研究了陕北复杂地形下风切变指数、威布尔分布及湍流等风工程参数的变化特征，由孙娴、雷杨娜、何晓嫒、胡琳、苏雨萌完成；第5章讨论了风电场测风塔、风电场选址和参证气象站选取方法及技术，由孙娴、雷杨娜、何晓嫒、王娟敏、张侠、王琦完成；第6章详细介绍了数值模拟在复杂地形下风电场测风塔代表性评估、风能资源预评估（中期评估）以及风能资源综合评估等的应用，由孙娴、雷杨娜、何晓嫒、毛明策、程路、张侠、王娟完成；第7章分别从沙尘暴、极端低温、雷电、积冰、暴雨和大风等要素介绍了风能资源评估气象风险分析方法，由雷杨娜完成。何晓嫒、雷杨娜负责全书的校对，孙娴负责全书的统稿、审定。

本书编写过程中，得到了许多专家的大力支持，特别感谢"陕西省风能资源详查和评价"项目组的研究成果，本书是团队通力合作的结晶，对他们的贡献表示衷心的感谢。

由于作者水平所限，书中不妥和错漏之处恳请读者批评指正。

作者
2023 年 12 月

目 录

第 1 章
风能资源开发概述

1.1　风能开发的历史

　　风是空气分子的运动,是地球上的一种自然现象。受大气环流、地形、水域等不同因素的综合影响,风的表现形式多种多样,如全球性的季风、信风,地方性的海陆风、山谷风和焚风等。风能是空气流动所产生的动能,是太阳能的一种转化形式。地球吸收的太阳能仅有1%~3%转化为风能,但其总量仍十分可观。全球的风能约为 $2.74×10^9$ MW,其中可利用的风能为 $2×10^7$ MW,比地球上可开发利用的水能总量还要大 10 倍,理论上仅 1% 的风能就能满足人类能源需要。风能利用是将大气运动时所产生的动能转化为其他形式的能,主要包括:风力发电、风车提水、风帆助航、风力制热等,其中风力发电是风能利用的重要形式。

　　人类利用风能的历史比较悠久。风车使用的起源最早可以追溯到 3000 年前,那时风车的主要用途是磨碎粮食和提水。最早在海上航行的船只依靠的最基本动力源也是风能。随着廉价的化石燃料能源的出现以及农村电气化的实现,风车渐渐退出了历史舞台。利用风车(或风力机)发电的历史可以追溯到 19 世纪晚期,美国的 Brush 研制了一台 12 kW 的直流风力机,丹麦的 LaCour 也开展了有关风力机的研究工作。然而,在 20 世纪的大部分时间里,除了某些边远地区利用风能为蓄电池充电提供电力外,人们对风能几乎别无他用。而且随着电力网的扩展,原有利用风能的低功率发电系统就会被取代。

　　一个广为人知的特例是美国在 1941 年制造的 1250 kW Smith-Putnam(史密斯-伯能)风力机。这个著名的风力机的叶轮由铁质材料制成,直径达 53 m。为了达到减小载荷的目的,该风力机采用了薄片状的叶片和全翼形变桨距控制。尽管有一个叶片的翼梁部分在 1945 年不幸被损坏,但其仍然作为最大的风力机存在了 40 年之久(Tony,2007)。

1.2　风能开发的发展

　　19 世纪末风力发电取得了两个重大成果。其一,作为空气动力学的成果。以传统的荷兰风力机为代表,利用升力的高速风力机代替了利用阻力的低速高力矩风力机;其二,作为电气工程学的成果,风力发电机得到了实际的应用,而且这时电力的需求也变得迫切。

　　一般都认为风力发电的先驱者是丹麦的 Poul la Cour 教授。1891 年他在丹麦 Askov 成立了风力发电研究所,为风力发电王国丹麦奠定了基础。在 la Cour 研究的基础上,丹麦成立了风力发电协会,随后,成立了许多与柴油发电并用的小规模风力发电公司。1908 年丹麦拥有 10~20 kW 级的风力发电机组 72 台,1918 年达到 120 台。

　　从 19 世纪末到 20 世纪初期实现的风力发电,无论哪一种都是小规模直流发电。直到20 世纪前半期,才试图实现风力发电机组的大型化,并且通过提高空气动力性能来增大输出功率。

直到全球石油危机的 20 世纪 70 年代后半期,才又开始大型风力发电机组的开发。进入 20 世纪 80 年代,各国政府倡议风力发电机组试验又开始运行,到 20 世纪 90 年代末,1000～1500 kW 的风力发电机组的生产变成现实。

20 世纪 80 年代以后,随着风力发电机组的迅速普及,促进了人们对经济效益的追求,其成果促使商业使用的风力发电机组走向大型化。到 1990 年末,出现了多个生产兆瓦级风力发电机组的制造商。风力发电机组的安装场址也不局限于平坦沿海岸线地带,不断地扩大到山脉以及海上。发电方式从传统的、利用感应发电机的失速型控制方式逐步转变为利用变流装置的变速型连接方式。发电成本渐渐降低,甚至在具有良好风况的场址可以取得和火力发电同样的效果,呈现出以下几个特点(牛山泉,2009)。

(1)大型化

风力发电机组的风轮直径和输出功率年年趋于大型化。进入 21 世纪,风轮直径 60～80 m,输出功率达 2000 kW 的风力发电机组成为主导机组,进一步促进了近海风力发电机组的大型化。

(2)控制输出系统

当初风力发电机组为主流的丹麦风力发电,由于结构简单,可信度高,维修费用低,均采用定桨距的失速型控制方式进行控制。但是,随着风力发电机组趋向大型化和兆瓦级机组的商业化,桨距控制方式也逐渐增多。从降低噪声方面考虑,调节桨距是有利的。

(3)变速风力发电机组

以前,感应发电机与电网直接连接,发电机的频率受电网频率的影响,发电机以固定转速运行方式是风力发电机组的主流。目前更多采用变速运行方式,利用变流器系统来控制电网和发电机之间的频率关系,这样当风速在较大的范围内,风机能保持高效率,从风中获得尽可能多的能量。

(4)直接驱动型

传统的标准风力发电机组,在风力机的叶轮和发电机之间有增速传动装置,但是重量增加,噪声也增大。针对上述问题,开发了多级低转速发电机与叶轮直接连接进行驱动的方式,既降低了噪声,又获取了较高的能量效率。

(5)近海风力发电

以土地狭隘的欧洲各国为中心,海上风力发电是最有力的候选。1990 年以后,丹麦、瑞典、荷兰等国家关于近海风力发电的试验运行一直都在顺利进行。世界上第一个近海风电场是 1991 年丹麦在波罗的海建造的 Vindeby 风电场,安装了 11 台 450 kW 的风力发电机,到 2006 年海上风电场总装机容量已达 877 MW。进入 21 世纪,近海风电技术日趋成熟,开始进入规模化开发阶段。我国近海风能资源丰富,开发潜力大,近海风电将成为一个迅速发展的市场。

1.3 中国风能开发历程及现状

1.3.1 发展历程

新中国成立后,我国的风能开发利用有了新的发展。

20世纪50年代后期,我国开始了风力发电技术的研究工作,在江苏、吉林、新疆等地安装了一些功率在10 kW以下,风轮直径在10 m以下的小型风力发电装置。1975年以后,一些研究机构和大学相继开展了风力发电的研究工作。从1977年风力发电机组安装于泺泗岛,历经近半个世纪的发展,我国风能开发利用经历了四个发展阶段(王仲颖,2013)。

1978—1985年为我国风力发电试验探索阶段,期间有实用价值的离网式小型风力发电机组发展较快,对解决边远地区农、牧、渔民基本生活起到重要作用。

1986—1997年为我国风力发电技术示范应用阶段,1986年"风能开发利用"已列入国家"七五"科技攻关计划,到1997年年底全国已建成18个风电场,装机容量达16.67万kW。1986年5月我国首个示范性风电场在山东荣成马兰湾建成并网发电,标志着我国风力发电进入示范应用阶段。1989年10月新建达坂城风电一场建成投产,总装机容量达2050 kW,为当时亚洲第一。期间,原国家科委、原国家计委和原国家经贸委共同制定发布了《中国新能源和可再生能源发展纲要(1996—2010)》,原电力工业部制定下发了《风力发电场并网运行管理规定(试行)》等一系列政策,对风电发展产生了积极的助推作用,促进了风电发展由示范应用向规模化、产业化发展阶段的转变。

1998—2004年我国风力发电进入规模化开发起步阶段,受诸多利好因素的积极影响,风电发展风生水起,到2004年底已建成43个风电场,并网风电装机容量达到76.4万MW,跻身世界10强行列。

2005—2020年我国风力发电进入规模化发展阶段,2005年《可再生能源法》颁布,又发布了《可再生能源发展"十一五"规划》等一系列文件,这些风电政策使我国风电发展步入快车道。2008年累计装机容量达到1221万kW,提前两年实现2010年风电装机容量1000万kW的目标,预示风电成为我国第三大主力发电电源成为可能。截至2020年底,我国风电累计装机已达2.81亿kW,实现累计装机突破2亿kW、年度发电量突破4600亿kW·h,酒泉、哈密、百里等大型风电基地雄踞全球风电市场,达成行业发展里程碑。

"十四五"时期,在"双碳"目标指引下,我国风电正迈向高质量跃升发展新阶段,截至2023年底全国风电累计装机约4.6亿kW。发展主要体现在以下几方面:一是装机规模持续扩大。2023年上半年,全国风电新增并网装机2299万kW,同比增长77.7%,行业预计"十四五"时期末风电累计装机有望达到6亿kW左右。二是发电量在全社会用电量中占比首次超过10%。2023年上半年,全国风电发电量4628亿kW·h,占比达到10.7%。三是发展质量提升。"十四五"时期以来,全国风电平均利用率一直保持在96%至97%之间,

2022 年全国风电平均等效利用小时数达到 2259 h,风电为电力保供发挥了应有的作用。

1.3.2 开发现状

我国风能资源丰富,开发潜力大,近 10 多年来发展迅速。据国家能源局统计(图 1.1),截至 2022 年底风电装机容量约 3.7 亿 kW,成为我国第四大电力来源。

在国家"十三五"规划及相关政策对新能源发展的大力扶持下,伴随全国范围内的电力需求持续增长,风电作为最具优势的发电方式之一,迎来快速发展,每年风电新增装机规模不断提升。2022 年,全国可再生能源新增装机 1.52 亿 kW,占全国新增发电装机的 76.2%,其中风电新增 3763 万 kW。

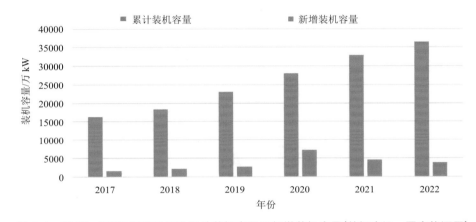

图 1.1 2017—2022 年我国风电累计装机容量及新增装机容量(数据来源:国家能源局)

我国海上风电发展起步较晚,但海上具有风力更大、部署空间受限较小等优势。随着风机技术的成熟,海上风电的单机装机容量有较大提升,目前 10 MW 及以上的海上风机已在部分风场逐步开始建设安装,未来随着海上风电的新增装机规模提升,预计大容量风机的市场占比将逐步提升。

第 2 章
地表风速变化特征及其影响因子

陕西省位于中国的中西部,东邻河南省、山西省,南接湖北省、重庆市、四川省,西与甘肃省接壤,北与内蒙古自治区、宁夏回族自治区相邻。全省总面积 20.56 万 km²。陕西省的地势南北高、中间低,有高原、山地、平原和盆地等多种地形。北山和秦岭把陕西分为三大自然区:北部为海拔 900~1900 m 的陕北黄土高原区;中部是关中平原区,海拔 460~850 m;南部是陕南秦巴山区,海拔 1000~3000 m。陕西省纵跨三个气候带,南北气候差异较大。秦岭是中国南北气候分界线,陕南属北亚热带气候,关中及陕北大部属暖温带气候,陕北北部长城沿线属中温带气候。气候总特点是:春暖干燥,降水较少,气温回升快而不稳定,多风沙天气;夏季炎热多雨,间有伏旱;秋季凉爽,较湿润,气温下降快;冬季寒冷干燥,气温低,雨雪稀少。

陕西省风能资源较丰富区域主要位于榆林市北部,长城沿线区域。陕西省风能资源次丰富区主要分布在榆林南部,延安北部区域。此外,渭北高海拔区域和秦巴山区高海拔区域也存在局部风能资源可利用区。陕北北部风能资源形成主要有两个因素,南部黄土高原向北部毛乌素沙漠过渡,形成的南风;西风带环流影响形成的偏西风。该区域 70 m 高度实测年平均风速在 $6.0\sim6.9\ \mathrm{m\cdot s^{-1}}$,年平均风功率密度在 $185\sim291\ \mathrm{W\cdot m^{-2}}$,盛行风向主要为偏南风。

风的成因主要受大气环流、季风环流和局地环流的共同影响。世界各地气候条件差异很大,风能资源也存在很大差异。这种差异主要受纬度作用,纬度影响着日照的总量。风资源在任何一个气候地区的小范围内也存在很多差异,则主要是因为它受自然地理条件的影响,如陆地和海洋各自所占比例、陆地面积的大小以及山脉或平原的存在等。植被的类型也可能通过其对太阳辐射的吸收或反射作用及对地表温度和湿度的影响而对风能的大小产生显著的影响。风与人们的生活和生产活动密切相关,风速风向资料广泛应用于城市规划、建筑设计、输电线路设计、大气污染评价、风能资源开发等领域。对陕西风速风向的时空分布特征进行分析,为不同领域对风的合理利用提供参考,达到趋利避害,减轻风灾的目的。

2.1　陕西省年平均风的分布特征

2.1.1　年平均风速的空间分布特征

利用陕西省 98 个气象站 1991—2020 年 10 m 高度 2 min 平均风速资料,分析陕西省年平均风速空间分布特征(图 2.1)。从整体分布来看 10 m 高度上,陕北北部年平均风速在 $2.0\sim2.8\ \mathrm{m\cdot s^{-1}}$,陕北延安大部年平均风速 $1.6\sim1.9\ \mathrm{m\cdot s^{-1}}$,延安南部年平均风速在 $2.0\sim2.3\ \mathrm{m\cdot s^{-1}}$;关中北部铜川和渭南大部年平均风速也较大,在 $2.0\sim2.8\ \mathrm{m\cdot s^{-1}}$,关中西部和南部风速在 $1.2\sim1.9\ \mathrm{m\cdot s^{-1}}$;陕南地区年平均风速最小,基本在 $1.5\ \mathrm{m\cdot s^{-1}}$ 以下,仅商洛北部和安康南部小部分地区风速在 $1.6\sim1.9\ \mathrm{m\cdot s^{-1}}$。陕西省年平均风速有两个明

显的大值区:陕北北部长城沿线地区和渭北地区,年平均风速在 2.4～2.8 m·s⁻¹,平均风速
偏小区位于陕南西部,年平均风速在 0.8～1.1 m·s⁻¹。

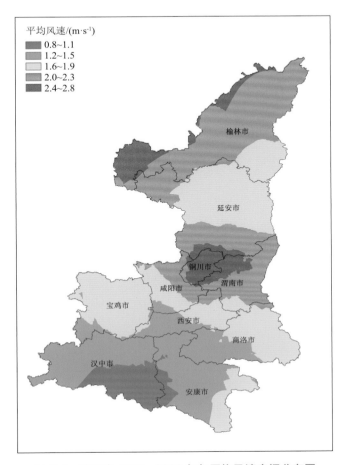

图 2.1 陕西省 1991—2020 年年平均风速空间分布图

2.1.2 陕北、关中、陕南年平均风速年际变化特征

考虑气象站探测环境、气象资料均一性和区域代表性三个因素,选取府谷、华山和汉阴
气象站分别代表陕北、关中和陕南三个区域(表 2.1),分析 1980—2020 年三个代表站年风速
的年际和年代际变化(图 2.2)。

表 2.1 府谷、华山和汉阴气象站信息表

站名	经度	纬度	海拔
府谷	111.0 °E	39.2 °N	1024.3 m
华山	110.08 °E	34.48 °N	2064.9 m
汉阴	108.5 °E	23.9 °N	413.1 m

陕西风能资源及开发利用

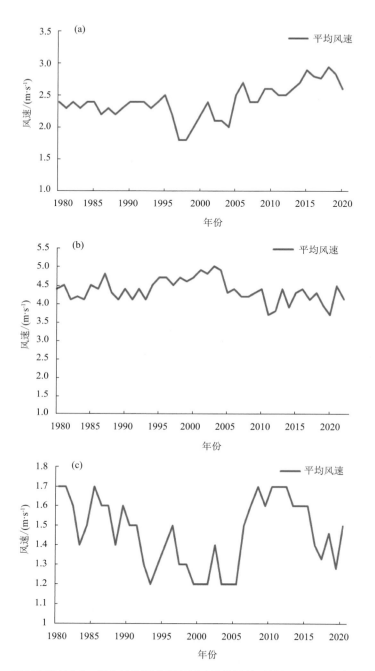

图 2.2　陕西府谷站(a)、华山站(b)和汉阴站(c)平均风速 1980—2020 年年际变化图

　　府谷站年平均风速从 1980 年到 2020 年整体上经历了一个增长的过程,1980—2000 年年平均风速在 1.8~2.6 m·s^{-1},从 2005 年左右开始平均风速出现增加趋势,在 2015 年到 2020 年期间,平均风速在 2.5~3.2 m·s^{-1}。平均风速最大出现在 2018 年,风速为 3.2 m·s^{-1},最小出现在 1997 年,风速为 1.8 m·s^{-1}。

华山站由于海拔较高,所以年平均风速在 3.5～5.1 m·s⁻¹,年平均风速在 2003 年达到峰值以后开始出现减小趋势。平均风速最大出现在 2003 年,风速为 5.1 m·s⁻¹,最小出现在 2012 年,风速为 3.5 m·s⁻¹。

汉阴站年平均风速整体偏小,在 1.2～1.9 m·s⁻¹。汉阴年平均风速整体来看是从 1980 年开始逐渐减小,到 2003 年开始增大,到 2015 年以后又开始减小。平均风速最大出现在 2011 年,风速为 1.9 m·s⁻¹,最小出现在 2001 年,风速为 1.2 m·s⁻¹。

三个代表站分别处于陕北、关中和陕南三个地理环境差异较大的背景下,年代际和年际变化差异显著。因此可以看出,陕西省由于地形狭长,地理地貌环境复杂,影响陕北、关中和陕南的大气环流系统不同,从而导致风速空间分布特征差异显著,明显地形成了陕北、关中和陕南三个特征鲜明的风速分布带。

2.2 陕西省平均风向的空间分布特征

陕西地处中国内陆腹地,南北狭长,地形复杂,在气候上属于东亚季风区,冬夏季风向几乎相反,夏季主要受西太平洋副热带高压影响,以东南风和西南风为主,冬季主要受西风带控制,以西风和西北风为主。风向的变化除受大尺度天气系统影响外,同时也受山脉、河谷、湖泊等局地地形的影响,所以陕北、关中和陕南各地盛行风向的变化差异性较大。

2.2.1 陕西省年平均风向的分布特征

图 2.3 为 1980—2020 年年平均风向空间分布图,陕西省年平均风向分布不仅有明显的地形特征,而且四季差异显著,从年平均风向来看,陕北西部以西风为主,东部以东南风为主;关中盆地盛行纬向风,关中东部以东风为主,关中西部地势较高的地区以西风为主;陕南西部以西南风为主,东南部以东南风为主。因此,陕西风向分布以区域地形特征为主,风向分布多样,风力资源丰富。

2.2.2 陕西省四季风向的分布特征

春季是一年风速最大的季节,春季我国北方地区多气旋活动,黄河气旋、蒙古气旋等主要影响陕北地区,陕北以偏南风为主,关中和陕南以纬向风为主;夏季受西太平洋副热(以下简称西太副高)带高压南北移动影响,陕北处在西太副高北边缘,主要是偏南风盛行,关中一般在西太副高南边缘,以东风为主,陕南受印度洋孟加拉湾气流影响,盛行西南风;秋季主要受西太副高南撤过程影响,陕北以偏南风为主,关中盆地和陕南以西南风为主,秋季华西秋雨盛行,西南风带来的暖湿气流为绵绵秋雨提供水汽条件;冬季陕西主要受西风带纬向环流控制,除了陕北东北部可能受西风带槽脊影响较多,以经向风为主外,全省其余地区基本以纬向风为主(图 2.4)。

11

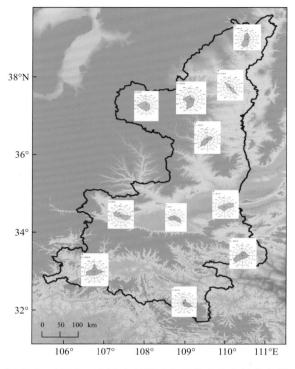

图 2.3　1980—2020 年陕西省年平均风向空间分布图

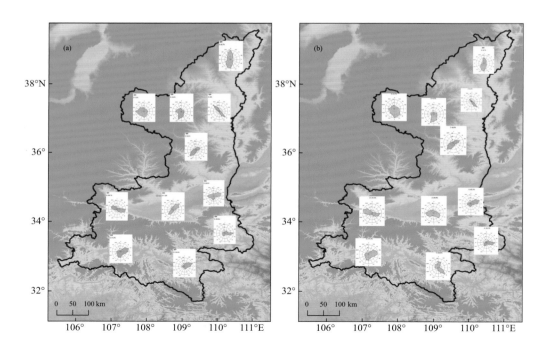

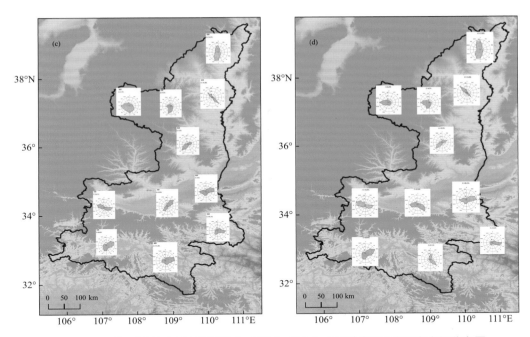

图 2.4 1980—2020 年陕西省春(a)、夏(b)、秋(c)、冬季(d)的平均风向空间分布图

由此可见,陕西省是明显的季风区,冬季主要被纬向西风带控制,以西风为主。夏季受东亚夏季风影响,以偏南风为主。春季和秋季属于冬夏季环流转型季节,陕西又处于东亚季风边缘区,影响风向的大气环流系统稳定性较差,风向变化较大。

2.3 陕西省大风灾害的时空分布特征

大风灾害是常见的气象灾害,其影响广泛,相关研究也涉及多个方面。最大风速是给定时段内的 10 min 平均风速的最大值,应用时会有一定的局限性。比如输电线路工程发生大风灾害时,同期气象站测量的最大风速并未超过线路的设计风速,依然发生断线倒塌事故,而极大风速(3 s 平均风速的最大值)大幅超过同时最大风速。由于灾害性大风一般持续时间较短且风力强劲,最大风速相比该时段内的极大风速会偏小很多,所以二者在工程应用上差别较大,所以本节分析了最大风速和极大风速的空间分布以及年际变化特征。

图 2.5 为 2005—2020 年陕西省平均极大风速空间分布图,极大风速整体呈现陕北东北部最大,极大风速在 29～32 m·s^{-1},陕北南部和陕南东部偏大和陕南西南部以及关中西部极大风速偏小,极大风速在 21～25 m·s^{-1}。图 2.6 为 1991—2020 年陕西省平均最大风速空间分布图,与极大风速分布不同的是平均最大风速最大的地区除陕北东北部外,在陕南东部商洛和安康地区也存在一个高值区,最大风速均在 19～25 m·s^{-1},陕北北部和铜川地区为最大风速次大地区,最大风速在 16.6～19.0 m·s^{-1},陕北南部、关中大部和陕南西部为最

大风偏小地区,最大风速在 16 m·s^{-1} 以下。

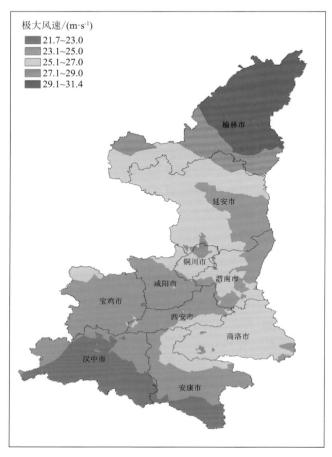

图 2.5   2005—2020 年陕西省极大风速空间分布图

　　为了分析陕北、关中和陕南三个区域最大风速和极大风速的年代际变化特征,选取了府谷站、华山站和汉阴站三个代表站,分析 1980—2020 年三个站的最大风速和极大风速的年际变化(图 2.7)。由于极大风速开始观测时间各站不一致,府谷和汉阴从 2005 年开始,华山从 1993 年开始观测。整体来看极大风速变化和最大风速变化比较一致,但是府谷和华山的极大风速幅度值比最大风速大 20 m·s^{-1} 左右,汉阴站极大风速比最大风速幅度值大 5 m·s^{-1} 左右。由此可以看出,海拔高度越高,极大风速可能越大。府谷站最大风速在 1985—2000 年期间偏小,最大风速在 15~22 m·s^{-1},从 2005 年以后开始略有增大的趋势。华山站最大风速整体趋势不明显,在 2010 年开始有增大趋势,最大风速在 19~29 m·s^{-1},年际变率也变大。汉阴的最大风速从 2000 年开始有减小趋势,最大风速在 8~13 m·s^{-1},整体变化还是比较平稳。受城市化和迁站影响,很多站的风速都出现显著的减弱趋势,因此我们选取受环境影响小的站分析,发现减弱趋势并不显著。

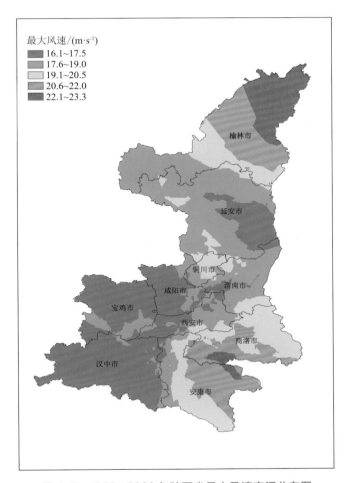

图 2.6　1980—2020 年陕西省最大风速空间分布图

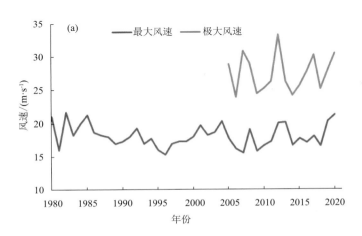

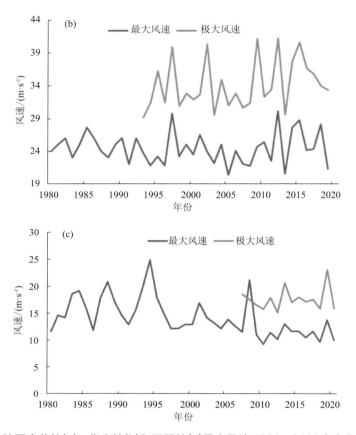

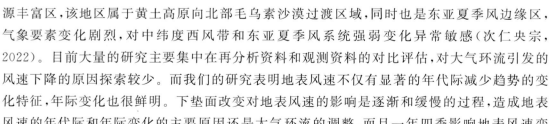

图 2.7　陕西府谷站(a)、华山站(b)和汉阴站(c)最大风速 1980—2020 年年际变化图

2.4　大气环流年代际变化对陕北长城沿线风的影响

　　陕西省属于我国风能资源丰富的省份之一,尤其是陕北北部长城沿线地区属于风能资源丰富区,该地区属于黄土高原向北部毛乌素沙漠过渡区域,同时也是东亚夏季风边缘区,气象要素变化剧烈,对中纬度西风带和东亚夏季风系统强弱变化异常敏感(次仁央宗,2022)。目前大量的研究主要集中在再分析资料和观测资料的对比评估,对大气环流引发的风速下降的原因探索较少。而我们的研究表明地表风速不仅有显著的年代际减少趋势的变化特征,年际变化也很鲜明。下垫面改变对地表风速的影响是逐渐和缓慢的过程,造成地表风速的年代际和年际变化的主要原因还是大气环流的调整,而且一年四季影响地表风速变化的气候环流系统也有显著差异。因此本节重点分析影响陕北长城沿线地表风速四季变化的主要驱动因子和相关的大气环流特征,对地表风速变化的原因进一步去认识和理解。

2.4.1　资料选取和方法

2.4.1.1　研究资料

2000 年前后很多地表观测资料受台站迁移、仪器更换和观测环境改变的影响,气象资料不能真实地反映和代表当地气候变化事实,经过筛选和均一性订正分析,选取了陕西北部地区的府谷、神木、榆林、横山、靖边和定边 6 个气象站作为研究区域(图 2.8),挑取了 1961—2022 年 6 个气象站的地面 10 min 平均风速作为研究资料,分别选取 4 月、7 月、10 月和 1 月作为春、夏、秋、冬的代表月份。

同期逐月的再分析资料采用美国国家环境预报中心(National Centers for Environmental Prediction,NCEP)和美国国家大气研究中心(National Center for Atmospheric Research,NCAR)的研究资料,包括位势高度、纬向风、经向风、垂直速度、气温及海平面气压。资料空间分辨率为 2.5°×2.5°,时间段为 1961—2022 年。

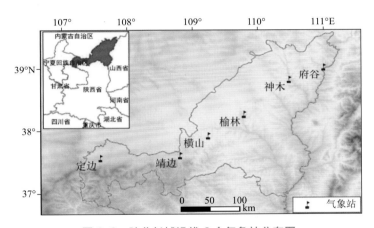

图 2.8　陕北长城沿线 6 个气象站分布图

2.4.1.2　分析方法

对 1961—2022 年期间 1 月、4 月、7 月、10 月和年风速的时间变化序列进行低通滤波分解,分离出年代际和年际变化两个信号序列,利用不同年代际时段的年际变化信号对同期的海平面气压场、850 hPa 风场和 500 hPa 位势高度场做回归,得出不同年代际背景下大气环流分布特征。

2.4.2　风速的年际和年代际变化特征

由图 2.9 可见,陕北长城沿线风速整体上呈现为减弱趋势,并有明显的年代际和年际变化特征。在 1961—1995 年,年平均风速为 2.6 m·s^{-1},年际变率偏大;在 1996—2022 年,年平均风速为 2.2 m·s^{-1},年际变率相对偏小。在 4 个季节的代表月份中,以春季为代表的 4 月份风速最大,其次为夏季(7 月份)和秋季(10 月份),冬季(1 月份)的风速相对最小。春季风速减弱最为明显,线性趋势为 -0.19(m·s^{-1})·(10 a)$^{-1}$。冬季风速相对偏低,减弱趋势也相对较弱。但是总体上陕北长城沿线风速为减弱趋势,这与前人的研究比较一致,风速整体在 1995 年前后开始有明显的减弱,在 2015 年开始有较弱的增加趋势。

为了更进一步分析风速变化的年代际和年际特点,将 4 个季度代表月份的地表风速进行低通滤波,提取出年代际和年际变化信号(图 2.10)。从图 2.10a 可以看出 1 月份地表风速变化相对较弱,在 1961—1991 年,地表风速处在一个偏大的时期,在 1992—2011 年,为一个偏小的时期,2015 年开始风速较前期有所增大;4 月份地表风速变化最为显著,在 1961—1991 年年代际变化处于一个正位相,风速偏大,而且年际变率显著。在 1992—2022 年,年代际变化处于负位相,年际变率明显变小;7 月份地表风速年际变率比 4 月份进一步增大,年代际变化在 1996 年前后由正位相转为负位相,1996 年之后 7 月份地表风速年际变率显著减小。10 月份地表风速的年际变率在 1996 年之前很大,在 1996 年之后明显变小,风速也在 1996 年之后整体减弱。总体上来说,陕北长城沿线风速年代际变化在 20 世纪 90 年代发生明显的转变,冬春季风速在 1991 年前后转变,夏秋季在 1996 年前后发生转变,整体风速在 2015 年以后又出现增加的趋势,这与前人的研究结果也是相符的。

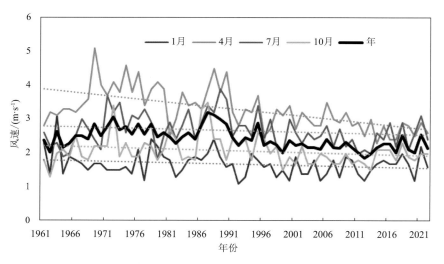

图 2.9   1961—2022 年陕北长城沿线年、春、夏、秋和冬季平均风速变化图

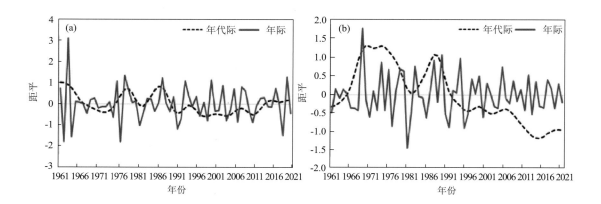

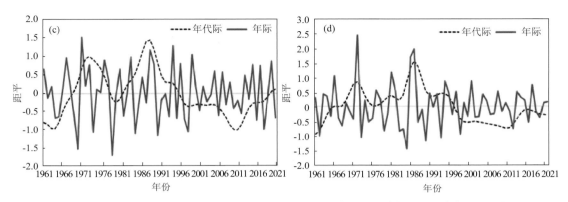

图 2.10　1961—2022 年陕北长城沿线 1 月(a)、4 月(b)、7 月(c)和 10 月(d)平均风速
年际和年代际信号变化曲线

2.4.3　气温气压差变化与地表风速减弱的关系

水平气压梯度力是水平气流运动的重要原因和驱动力,而水平温度梯度是水平气压梯度力变化的主要驱动力。为了检验地表风速减弱是不是更大尺度的温度梯度减弱的原因,我们研究了中高纬度地区(40°—50°N,105°—115°E)和中低纬度地区(25°—35°N,105°—115°E)850 hPa 温度差和海平面气压差对地表风速的影响(两个研究区域在图 2.13a 里显示)。

图 2.11 为 1961—2022 年 1 月、4 月、7 月、10 月和年温度差变化图,整体呈现为减弱趋势,1 月份温差最大,2000 年开始温差减弱明显,年际变率变小,看来冬季中高纬增温对地表风速减弱有一定的作用。7 月温差最小,但也有明显的减弱趋势。4 月和 10 月温差幅度接近,也呈现出减弱趋势。年气压差以及 4 个月份的气压差呈现出明显的年代际变化(图 2.12),在 1961—1981 年气压差相对偏大,在 1981—2007 年明显变小,在 2011 年以后略有增加的趋势。总体来看,气压差和温度差年代际变化特征与图 2.9 地表风速变化相似性很高,表明气候变暖背景下,热力梯度、气压梯度、地面风速之间存在同步变化关系,说明对流层低层热力和气压梯度力作为主要驱动力,其减弱是导致地面风速减弱的重要因素。

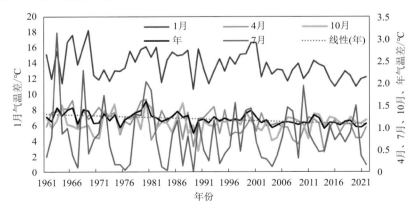

图 2.11　1961—2022 年陕北长城沿线的北区域（40°—50°N，105°—115°E）和南区域
（25°—35°N, 105°—115°E）1 月、4 月、7 月、10 月和年 850 hPa 气温差变化图

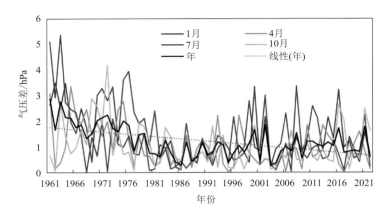

图 2.12　1961—2022 年陕北长城沿线的北区域（40°—50°N，105°—115°E）和南区域
（25°—35°N，105°—115°E）1月、4月、7月、10月和年气压差变化图

2.4.4　大气环流在不同年代际背景下对地表风速的影响

从上述的分析中可以看到,陕北长城沿线年和各季代表月的地表风速在 20 世纪 90 年代经历了显著的年代际和年际变化,1月和4月的地表风速在1961—1991年风速和变率明显偏大,而在 1992—2016 年平均风速和年际变率明显减弱;7月和 10 月的地表风速在1966—1996 年平均风速和变率偏大,而在 1997—2016 年风速减弱,变率减小。因此我们将 4 个代表月在前期风速偏大的阶段定义为P1,后期风速偏弱的阶段定义为P2,利用 4个月份的年际序列分别在 P1 和 P2 阶段与 500 hPa 高度场、海平面气压场和850 hPa 风场进行回归分析,进一步探索引起陕北长城风沙沿线地表风速年代际变化的大气环流分布特征。

2.4.4.1　1月大气环流年代际变化对地表风速的影响

冬季 1 月的地表风速是一年之中风速比较小的月份,陕北长城沿线主要受西风环流控制,上空基本气流为西北风,地面上蒙古冷性高压强度达到全年最强,冷高的范围可达整个东亚地区,且相当稳定。蒙古高压只有在高空有较大的低槽移来而且地面气旋发展时才能遭到破坏,诱导一次新的强冷高压入侵东亚地区的气压系统,造成一次强冷空气或者寒潮天气。整个冬季基本上都是这样一次次冷空气活动一再重复的过程。

影响1月陕北长城沿线地表风速P1阶段的 500 hPa 高度场分布特征体现为 40°—60°N为一个明显的波列,表明中纬度经向环流偏强,高空大槽大脊活动频繁(图 2.13a);在 P2 阶段,我国北方主要为正距平控制,冷高压较 P1 阶段更偏北一些,纬向环流加强,有利于地表风速减弱(图 2.13b)。1月海平面气压场显示,在 P1 阶段我国西北及以北地区都是冷高压控制,呈现西高东低环流形势,气压差显著,有利于地表风速增大(图 2.14a)。在 P2 阶段我国北方及蒙古地区为大范围低压区,这表明冬季冷高压减弱,冬季风也相应减弱(图2.14b)。1月 850 hPa 风场和流函数场显示,在 P1 阶段陕北长城沿线西北侧为高值环流,东部为低值环流,陕北北部受反气旋环流东侧和气旋环流西侧的偏北气流控制,地表风速相对偏大(图2.15a);在P2阶段北方大部分地区为较弱的气旋环流控制,地表风速相对也会偏弱(图2.15b)。

由此看来,1月陕北长城沿线地表风速在1961—1991年偏大的原因是中纬度经向环流显著,蒙古冷高压强大;在1992—2022年中纬度纬向环流为主,蒙古冷高压偏弱,导致1月地表风速减小。

2.4.4.2　4月大气环流年代际变化对地表风速的影响

春季4月是一年之中地表风速最大的一个月份,在4月份,影响整个冬季的西风急流较冬季明显减弱,西风带槽、脊的平均位置变化不显著,但强度减弱。控制我国北方的西北气流基本转为偏西风,西风带上的小槽、小脊活动明显,移动速度加快,所以春季气温变化起伏较大。地面上因为大陆增暖较快,蒙古冷高压减弱并且西移到75°E附近,阿留申低压也东移到160°W。我国东北地区开始出现一个低压,鄂霍次克海附近形成一个高压,南亚的印度低压于3月份开始渐渐扩展到孟加拉湾、缅甸,形成一个低压带,华南开始出现偏南风。4月中旬以后偏南的夏季风逐渐盛行起来,太平洋副热带高压向西伸展。

前期冬季的两个大气活动中心向相反的方向移动并减弱,高空基本为较为平直的西风气流,多小波动,南、北两支急流仍然存在,并对应着两个峰区,所以这个季节里是我国北方气旋活动最频繁的季节。北方主要有蒙古气旋、东北低压和黄河气旋,同时还有移动性的小型反气旋,在春季带来大风、降温、沙尘、吹雪、霜冻等天气现象。4月500 hPa高度场在P1阶段显示我国北方地区为显著的低值区,蒙古气旋主要盘踞在西伯利亚或鄂霍次克海以及我国内蒙古和东北上空(图2.13c),而在P2阶段,蒙古气旋进一步减弱,北方大部分地区为正距平,我国东南部也是正距平,表明西太平洋副热带高压在P2阶段加强(图2.13d)。4月的海平面气压显示,在P1阶段贝加尔湖附近为一个小高压,在我国东北、华北和黄河流域地区为明显的低压带,这样在陕北长城沿线就形成明显南北气压差,有利于地表风速增大(图2.14c)。在P2阶段贝加尔湖高压进一步减弱,我国北方地区的低压区也没有P1阶段明显,海上的高压系统有加强的趋势,在陕北长城沿线区域周围没有形成明显的气压差,所以不利于地表风速增大(图2.14d)。4月850 hPa风场显示,在P1阶段我国北方地区为一个强大的气旋性环流控制,应该是强大的蒙古气旋,陕北长城沿线为显著的西北风控制(图2.15c)。在P2阶段气旋性环流明显减弱,长城沿线近地面风速也随之减弱,西太平洋副热带高压系统进一步加强,我国华南地区西南风加强,进入雨季的时间明显提前(图2.15d)。

影响陕北长城沿线4月地表风速的主要系统是蒙古气旋、东北低压和黄河气旋,在1961—1991年,4月我国北方地区的低值系统明显偏强,陕北长城沿线近地层西北风控制,南方高值系统偏弱。在1992—2022年,影响陕北长城沿线的低值系统明显减弱,这与已有的研究表明北方风速减弱和蒙古气旋出现频次减少有显著的相关关系的结果基本一致。同时西北太平洋高压在1992—2022年进一步加强,我国西南风明显,雨季应该比1961—1991年提前。

2.4.4.3　7月大气环流年代际变化对地表风速的影响

到了夏季7月,春季的南支急流消失,与北支急流合并成一支急流,位于40°N附近。西风带的槽脊位相与冬季相反,东亚沿海原来的东亚大槽由高压脊取代,槽、脊强度都比冬季明显偏弱。西太平洋副热带高压脊线由 15°N 向北移到 25°N 并继续向北移动。在 22°N 以南出现东风气流,在东风急流下方为印度西南季风气流。比海洋暖的亚洲大陆几乎都为热低压控制,蒙古冷性高压和阿留申低压完全破坏,西太平洋副热带高压在我国东部势力逐渐增强。我国西部则受性质不同的大陆副热带高压影响。冷空气势力大大减弱,范围缩小,路径偏西,常常沿着高压东侧南下到四川、陕西一带。冷空气南下,在高空图上表现为冷性的槽或者低涡,而在地面图上为冷性小高压或高压脊。锋面的斜压性也大大不如冬、春两季,所以夏季地表风速也比春季减弱很多。

7 月 500 hPa 高度场显示,在 P1 阶段,30°—40°N 正值区西太平洋副热带高压中心西伸脊点到 100°E,陕北长城沿线的东侧为高值中心,西侧为低值中心,长城沿线区域处于锋区(图 2.13e)。在 P2 阶段,30°—40°N 的正值区比 P1 阶段增强,西太平洋副热带高压与大陆副热带高压连成一体,整个陕北长城沿线为高值中心控制,一般为盛夏高温干旱天气,不利于地表风速增大(图 2.13f)。7 月海平面气压图中,P1 阶段我国大部分为高压带控制,夏季西风带的冷性低槽一般在地面上表现为冷性高压,西太平洋副热带高压为暖性高压(图 2.14e),因此 P1 阶段,陕北长城沿线受到冷暖高压的挟制,有利于地表风速增大。在 P2 阶段,陕北长城沿线的东侧为暖性高压,西侧为暖性低压区,有利于东风发展,相比于 P1 阶段的冷暖高压,P2 阶段的环流分布相对不利于地表风速发展(图 2.14f)。图 2.15 的 850 hPa 流场显示在 P1 阶段陕北长城沿线南北有两个显著的气旋和反气旋环流,长城沿线处于二者交汇地带,近地层气象要素变化剧烈(图 2.15e);在 P2 阶段,南北两侧的气旋和反气旋环流比 P1 阶段明显减弱,因此对陕北长城沿线风速的影响要弱很多(图 2.15f)。

因此,在 1961—1996 年间夏季影响陕北长城沿线的北方低槽和南方西太平洋副热带高压的强度要比 1997—2022 年相对偏弱,陕北长城沿线南北气压差在后一阶段明显偏弱,导致地表风速减小。

2.4.4.4 10 月大气环流年代际变化对地表风速的影响

10 月是整个大气环流从夏季型向冬季型转变的关键月份,陕北长城沿线的地表风速较夏季 7 月进一步减弱,10 月东亚沿岸在 130°E 附近平均槽开始建立,副热带高压势力减弱,并自盛夏最北的位置南撤,海上的高压中心也向东南方向移去。高空强东风开始南移,南支西风带逐渐恢复。地面上北方冷空气势力加强,冷高压又活动在蒙古一带,地面热低压逐渐消失。由于西太平洋副热带高压仍然维持在我国上空,但地面为冷高压所控制,构成秋高气爽的天气特色。若副热带高压增强且稳定地控制某一地区,也会让该地区很热,成为"秋老虎"天气。

10 月 500 hPa 高度场在 P1 和 P2 阶段大气环流场显示出完全不同的分布特征。在 P1 阶段,中高纬西风带已经明显地建立起了大槽(贝加尔湖低压槽)和大脊(乌拉尔山高压脊)。陕北长城沿线北部是深厚的低值系统,南部西太平洋副热带高压到达 27°N 附近,南北两侧是相反的两个系统,等高线密集,有利于地表风速增大(图 2.13g)。在 P2 阶段,中高纬西风带槽脊系统较 P1 阶段偏北,整个东亚地区被负距平控制,西太平洋副高偏弱偏南,陕北长城沿线附近没有形成明显的槽脊系统,不利于地表风速增大(图 2.13h)。10 月海平面气压场的 P1 阶段,陕北长城沿线西侧为高压区,东侧为低压区,东西两侧压差明显,有利于地表风速增大(图 2.14g)。在 P2 阶段,整个东亚地区的海平面气压为低值区控制,没有形成明显的气压差,不利于地表风速增加(图 2.14h)。从 10 月的 850 hPa 风场和流函数场来看,在 P1 阶段,陕北长城沿线的北侧为气旋环流,南侧为反气旋环流,冷空气和暖湿气流在这里交汇,气象要素变化剧烈,有利于地表风速增大(图 2.15g)。在 P2 阶段,整个东亚大部分地区为气旋环流,陕北长城沿线主要为西风纬向气流,天气波动较小,不利于地表风速增大(图 2.15h)。

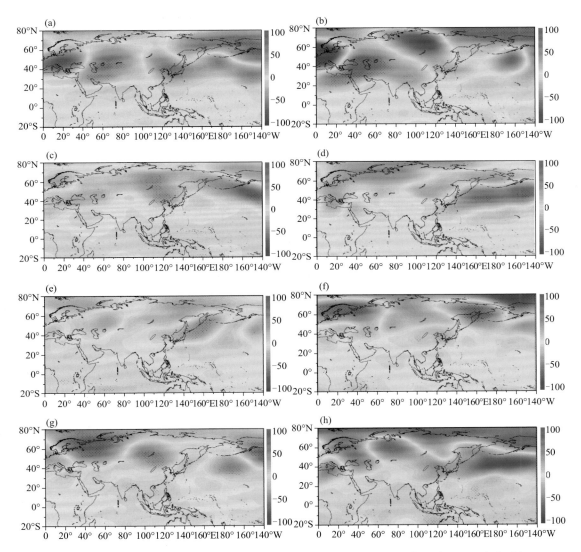

图 2.13　陕北长城沿线 1 月(a、b)、4 月(c、d)、7 月(e、f)和 10 月(g、h)地表风速分别在
P1 和 P2 阶段与 500 hPa 高度场的回归 (阴影,单位: gpm,红色椭圆为陕北长城沿线位置)

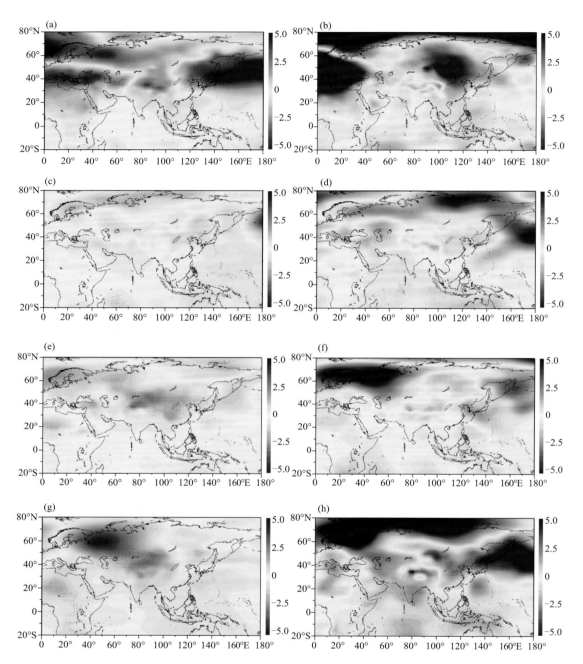

图 2.14 陕北长城沿线 1 月(a、b)、4 月(c、d)、7 月(e、f)和 10 月(g、h)地表风速分别在 P1 和 P2 阶段与海平面气压场的回归（阴影,单位：hPa,红色椭圆为陕北长城沿线位置）

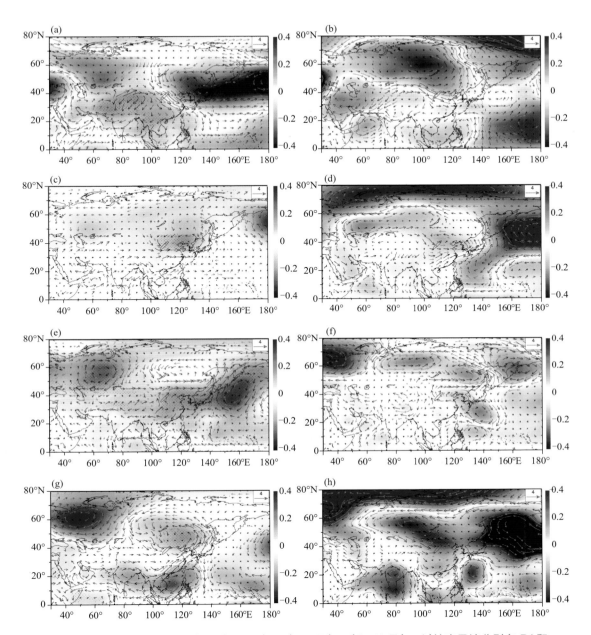

图 2.15　陕北长城沿线 1 月(a、b)、4 月(c、d)、7 月(e、f)和 10 月(g、h)地表风速分别在 P1 和
P2 阶段与 850 hPa 风场(矢量，单位:m · s^{-1})和流函数(阴影，单位:10^7 m^2 · s^{-1})
回归的异常分布（红色椭圆为陕北长城沿线位置）

　　因此,在 1960—1996 年间影响陕北长城沿线 10 月地表风速的气候系统延续了 7 月的环流分布特征。北方低槽和南方的西太平洋副热带高压范围和强度明显比 1996—2022 年间要强。

　　从上述综合分析来看,影响陕北长城沿线地表风速变化的大气环流不仅具有明显的季节性特征,而且有显著的年代际变化特征。冬季在 P1 阶段中纬度经向环流显著,蒙古冷高压强大,而在 P2 阶段中纬度以纬向环流为主,蒙古冷高压偏弱;春季在 P1 阶段我国北方地区的低值系统明显偏强,蒙古气旋、黄河气旋等出现次数偏多,陕北长城沿线近地层西北风控制,南方高值系统偏弱。在 P2 阶段影响陕北长城沿线的低值系统明显减弱,南方西太平洋副热带高压加强;夏季影响陕北长城沿线的北方低槽和南方西太平洋副热带高压的强度在 P1 阶段要比 P2 阶段弱,陕北长城沿线南北气压差在 P2 阶段明显偏弱,导致地表风速减小。秋季陕北长城沿线 10 月份地表风速的气候系统延续了 7 月的环流分布特征。北方低槽和南方的西太平洋副热带高压范围和强度明显比 P2 阶段期间要强。

通过研究陕北长城沿线年、季地表风速年代际和年际变化特征,发现大范围热力梯度和气压梯度与地表风速变化存在同步关系,大气环流分布特征的年代际变化对地表风速有着重要的影响。大气环流的变化又是海气作用的进一步显示。同时,气候因子变化、城市化和土地利用、气溶胶效应等因素本身也具有高度的复杂性,且与地面风速变化直接相关的研究有限,还需进一步探讨和分析。另外,随着风电装机规模的快速增加,中国已经形成了 7 个千万千瓦级别的风电基地,单个基地的空间分布达上百千米,且未来规划的规模更加宏大,这不仅会改变地表粗糙度,也将对大气的能量收支产生影响,其局地气候效应也值得关注。

第 3 章
陕西省风能资源详查和评价

3.1 项目背景及技术路线

　　风电产业的发展离不开科学准确的风能资源评估,从风电规划决策到风电场风机排布等不同层面的决断都必须依靠详细准确的风能资源评价。风能资源的测量与评价是建设风电场成败的关键所在。要评价一个地区风能潜力,需分析当地的风况。风况是影响风力发电经济性的一个重要因素。

　　目前,国内外现有的风能资源评估的技术手段有三种:①基于气象站历史观测资料评估;②基于测风塔现场观测资料评估;③基于数值模拟开展风能资源评估。基于气象站观测资料的风能资源评估主要存在三方面的问题:①气象站测风高度只有 10 m,而风力机的轮毂高度大多数都为 70 m、100 m 及 100 m 以上,近地层风速随高度的变化取决于局地地形和地表条件及大气稳定度,因此从 10 m 高度的风能资源很难准确推断风电机组轮毂高度的风能资源;②我国气象站的间距是 50~200 km,气象站分布稀少地区的统计分析结果的误差就会很大,即使是 50 km 分辨率的统计计算结果也只能宏观地反映出风能资源的分布趋势,不能较准确确定一个区域可开发风能资源的覆盖范围和风能储量;③气象站大多数都位于城镇,由于城镇化的影响,城镇地区的风速相对较小,对风能资源的评估结果有一定的影响。所以,基于气象站观测资料的风能资源评估不能满足风电发展规划对风能资源评估的要求(孙仲颖,2013)。同时,由于设立测风塔测风需要耗费大量的人力物力,不可能在大范围内建立密集测风塔观测,已有风塔也不可能像气象站一样进行常年观测,因此仅仅依靠测风塔的观测资料进行区域性风能资源评估也是不可行的。将数值模拟技术应用于风能资源评估是一个行之有效的方法。数值模拟方法可得到较高分辨率的风能资源空间分布,较准确地确定可开发风能资源储量,为风电开发中长期规划和风电场建设提供科学依据。

　　为更好满足风能资源持续、有序、合理地规划和开发利用需要,国家开展了“全国风能资源详查和评价”,由各省具体实施。“陕西省风能资源详查和评价”项目针对陕西省风能资源丰富、适宜建设大型风电场、具备风能资源规模化开发利用条件的地区,通过现场测风塔观测、数值模拟、综合分析等技术手段,进一步摸清陕西省风能资源特点及分布,为促进陕西风电发展做好前期工作。

　　“陕西省风能资源详查和评价”项目实施分两个阶段。第一阶段从宏观角度计算陕西省风能资源存储量、可开发量、技术开发量及全省风能资源精细化空间分布,为政府制定风电开发规划提供技术支撑;第二阶段主要从微观角度研究风电场(测风塔)选址、测风塔代表年订正、测风塔代表性评估、风电场预(中期)评估和复杂地形风电场综合评估等技术,为陕西省开发风电研究出一系列技术成果。项目研究中,既解决了宏观尺度风能资源科学估算问题,又解决了单个风电场的精细化资源评估技术(图 3.1)。本章主要介绍第一阶段的成果。

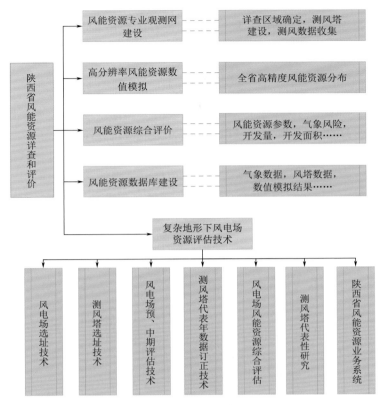

图 3.1 项目技术流程图

3.2 陕西省风能观测网建设

3.2.1 测风塔选址

根据《风能资源详查和评价工作测风塔选址技术指南》的要求,遵循以下原则进行测风塔位置选择:

(1)测风塔位置的选择要力求使每个测风塔观测具有本区域风能资源的代表性。

(2)人员比较容易到达、无线传输信号较好等环境条件。

(3)测风塔选址应避开不适宜建设风电场的基本农田、经济林地、自然保护区、风景名胜区等。

(4)在平原滩地地区,测风塔设置在靠近区域中心、地势略高、周围空旷、下垫面植被一致的位置。

(5)高原台地详查区,测风塔位置选择在较为连贯且面积相对较大、与当地盛行风向近似垂直的丘陵上。避开对气流有压缩效应的地方,不选择丘陵顶部面积相对较小且与周围相对高差较大、拉线坑不易设置的地方。测风塔位置的海拔高度比未来风电场平均海拔高度略高,且在盛行风方向没有明显丘陵阻挡。

陕西省在风能资源相对丰富的榆林长城沿线和渭南黄河沿岸详查区域组织开展风电场适宜区的详查。测风塔选址包括图上粗选、现场踏勘和位置确定三个环节。首先在1:10万地形图上初步选取多个备选测风塔位置;其次进行野外实地踏勘,重点考察踏勘区域地形特点(面积、山地走向、丘陵带长度、谷地的宽窄、测量测风塔位置经纬度等)、地质特点、植被特征等,确认并记录踏勘区域的风资源情况和盛行风向,测量并记录踏勘区域的遮挡情况和手机无线通信信号情况,了解并记录踏勘区域的雷电活动情况和冬季电线或塔架结冰等情况,测量拟建测风塔位置和海拔高度,并设置醒目标志,拍摄拟选测风塔位置周边环境实景照片等;最后根据踏勘情况确定了5个测风塔的具体位置(图3.2),分别为3座70 m高度测风塔(定边县张家山27001、定边县贺圈27002、神木市锦界27004)和2座100 m高度测风塔(靖边县燕墩山27003、合阳县东雷村27005)。

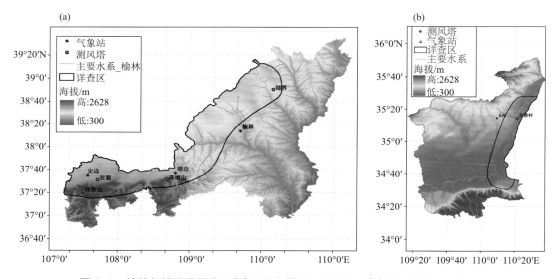

图3.2 榆林长城沿线详查区(a)和渭南黄河沿岸详查区(b)测风塔位置示意图

3.2.2 测量要素及高度

根据国家标准《风电场风能资源测量方法》(GB/T 18709—2002)和《风电场风能资源测量和评估技术规定》要求,结合当前主要风电机机型、轮毂高度以及未来风机发展趋势,并考虑各地气候特征和风能资源评估技术发展需要,确定各类测风塔仪器观测层次和测量要素,各测风塔设置情况见表3.1。

表3.1 测风塔设置一览表

测风塔名称	测风塔编号	塔高/m	海拔高度/m	风速层次/m	风向层次/m	温湿度层次/m	气压层次/m
张家山测风塔	27001	70	1896.0	10,30,50,70	10,50,70	10,70	8.5

续表

测风塔名称	测风塔编号	塔高/m	海拔高度/m	风速层次/m	风向层次/m	温湿度层次/m	气压层次/m
贺圈测风塔	27002	70	1550.0	10,30,50,70	10,50,70	10,70	8.5
燕墩山测风塔	27003	100	1728.0	10,30,50,70,100	10,50,70,100	10,70	8.5
锦界测风塔	27004	70	1194.0	10,30,50,70	10,50,70	10,70	8.5
东雷村测风塔	27005	100	565.0	10,30,50,70,100	10,50,70,100	10,70	8.5

通过十多年来对风能资源持续探查,陕西省建成由 200 余座 70～100 m 高度的测风塔组成的风能资源专业观测网(图 3.3),获得的了大量的野外观测数据,避免了基于气象站观测资料推算更高层的风能资源分布的不确定性,提供了更准确更详细的风能资源状况,为全省风电场开发建设提供科学的数据支撑。

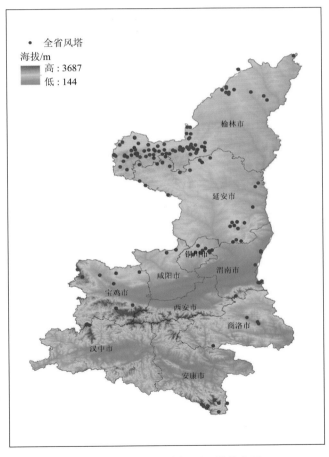

图 3.3　陕西省风电场测风塔分布图

3.3 陕西风能资源评估

本节风能资源评估采用详查工作建设的测风塔观测数据,从各测风塔建塔时间至 2010 年 12 月 31 日所有观测资料中,选取连续 12 个月(1 个完整年度)数据有效完整率最高时段的观测数据(2010 年 1 月 1 日—2010 年 12 月 31 日)作为测风塔观测年度风能资源参数计算的"样本数据",来介绍陕西风能参数的变化特征。以下风能资源参数计算均基于此数据。

3.3.1 风能资源综述

对观测年测风数据进行检验、订正及统计分析,得到各测风塔风能资源参数(表 3.2)。参考国家标准《风电场风能资源评估方法》(GB/T 18710—2002)风功率密度等级划分标准,以 50 m 高度平均风功率密度值为标准。在 50 m 高度上,榆林长城沿线详查区测风塔 27003 平均风速最大,为 6.9 m · s^{-1},平均风功率密度达 309.2 W · m^{-2},平均风功率密度等级为 3 级;测风塔 27001 和 27002 的平均风功率密度均在 200～300 W · m^{-2},平均风功率密度等级均为 2 级;测风塔 27004 和渭南黄河沿岸详查区测风塔 27005 的平均风功率密度均小于 200 W · m^{-2},平均风功率密度等级为 1 级。

表 3.2 各详查区观测年风能参数表

详查区测风塔名称(编号)	测风高度/m	3～25 m · s^{-1} 时数百分率	平均风速/(m · s^{-1})	最大风速/(m · s^{-1})	极大风速/(m · s^{-1})	平均风功率密度/(W · m^{-2})	有效风功率密度/(W · m^{-2})	风能密度/(kW · h · m^{-2})	平均风功率密度等级
榆林长城沿线详查区张家山测风塔(27001)	10	83.0	5.6	22.5	29.4	155.9	187.0	1365.3	2
	30	90.0	6.6	26.2	31.8	252.3	281.0	2210.1	
	50	90.0	6.8	26.6	32.0	275.7	304.4	2414.7	
	70	91.0	7.0	26.2	33.1	298.3	327.9	2613.5	
榆林长城沿线详查区贺圈测风塔(27002)	10	78.0	5.3	25.5	30.0	150.2	190.5	1316.2	2
	30	84.0	6.2	27.9	30.8	240.0	284.4	2102.0	
	50	85.0	6.6	27.7	32.6	285.6	334.8	2501.9	
	70	86.0	6.9	28.7	33.5	324.2	378.0	2839.6	
榆林长城沿线详查区燕墩山测风塔(27003)	10	83.0	5.8	22.6	28.2	186.6	222.2	1634.2	3
	30	89.0	6.7	25.5	30.1	280.2	315.1	2454.8	
	50	89.0	6.9	25.1	30.2	309.2	347.7	2708.9	
	70	89.0	7.2	26.8	30.9	350.0	391.4	3065.7	
	100	89.0	7.5	27.3	31.5	408.9	456.9	3581.8	
榆林长城沿线详查区锦界测风塔(27004)	10	62.0	3.9	21.0	26.9	67.1	104.9	587.7	1
	30	76.0	4.9	24.1	31.4	119.5	154.7	1046.5	
	50	80.0	5.2	24.9	32.1	143.8	178.4	1260.0	
	70	81.0	5.3	25.7	32.3	150.2	185.1	1315.9	

续表

详查区测风塔名称(编号)	测风高度/m	3～25 m·s⁻¹时数百分率	平均风速/(m·s⁻¹)	最大风速/(m·s⁻¹)	极大风速/(m·s⁻¹)	平均风功率密度/(W·m⁻²)	有效风功率密度/(W·m⁻²)	风能密度/(kW·h·m⁻²)	平均风功率密度等级
渭南黄河沿岸详查区东雷村测风塔(27005)	10	38.0	2.8	19.1	27.1	26.8	63.0	234.9	
	30	55.0	3.6	21.6	29.4	52.1	90.4	456.1	
	50	61.0	3.9	19.6	22.8	68.6	108.5	600.9	1
	70	67.0	4.2	22.6	28.0	82.5	120.9	722.6	
	100	71.0	4.6	24.8	30.6	108.1	150.7	947.0	

3.3.2 风速和风功率密度年变化

各测风塔观测年 70 m 高度平均风速和平均风功率密度变化曲线见图 3.4。测风塔 27001、27002、27003 和 27005 均是 12 月风功率密度最大,分别为 592.6 W·m⁻²、622.9 W·m⁻²、608.8 W·m⁻² 和 125.6 W·m⁻²,测风塔 27004 则是 3 月风功率密度最大为 254.4 W·m⁻²;测风塔 27001、27002、27003 和 27004 均是 8 月风功率密度最小,分别为 145.1 W·m⁻²、171.1 W·m⁻²、197.7 W·m⁻² 和 71.3 W·m⁻²,测风塔 27005 则是 10 月最小为 53.6 W·m⁻²。总的来说,各测风塔冬春季节平均风功率密度较大,夏秋季节风功率密度小。

3.3.3 风速和风功率密度日变化

从测风塔 70 m 风速和风功率密度日变化曲线图来看(图 3.5),风功率密度和风速的日变化存在很好的一致性。5 座测风塔风功率密度日变化分别呈现出:双峰型、单峰型和平缓型三种变化特征。

测风塔 27001 平均风功率密度的逐时变化比较平稳,呈现双峰型变化:23 时—次日 04 时、14—17 时平均风功率密度处于波峰,在 280.0 W·m⁻² 以上,15 时达到最大值 341.7 W·m⁻²;10—13 时、18—22 时风功率密度处于波谷,21 时达到最低值 266.8 W·m⁻²。

测风塔 27002 风功率变化比较平缓,呈现单峰型变化特征,01—17 时风功率密度均较大,基本在 300 W·m⁻² 以上,最大值出现在 03 时为 361.9 W·m⁻²,18—22 时风功率密度相对小一点,最低为 19 时 257.1 W·m⁻²。

测风塔 27003 平均风功率密度日变化呈双峰型,表现为夜间 22 时—次日 10 时大、13—20 时较小的特点,21 时—次日 10 时风功率密度均大于 300 W·m⁻²,03 时风功率密度达到最大 424.8 W·m⁻²,中午及傍晚风功率密度偏低,11 时降为 297.3 W·m⁻²,19 时减小到 268.3 W·m⁻²,随后又开始上升。

测风塔 27004 平均风功率密度日变化呈现单峰型变化,00—09 时风功率密度变化呈下降趋势,09 时降至最低为 97.3 W·m⁻²,之后开始逐渐上升,16 时增至最大,风功率密度为 209.9 W·m⁻²,随后开始缓慢下降。

测风塔 27005 平均风功率密度日变化比较平稳,呈平缓型,没有明显的上升下降趋势,

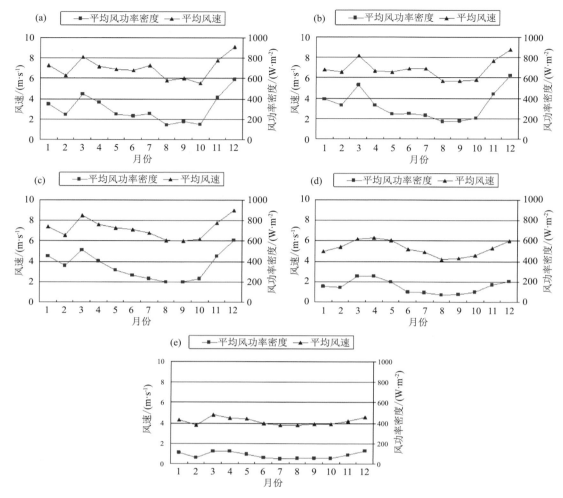

图 3.4　各测风塔 70 m 高度风速和风功率密度年变化曲线图

(a)27001,(b)27002,(c)27003,(d)27004,(e)27005

最大值出现在夜间 22 时,为 94.9 W·m^{-2},最小值出现在 11 时,为 67.6 W·m^{-2}。

　　总的看来,5 座测风塔均是夜间风功率密度较大,白天风功率密度较小,这与平均风速的日变化趋势是一致的。

3.3.4　风速和风能频率分布

　　测风塔 70 m 高度风速和风能频率分布见图 3.6。除测风塔 27005 以外,其他测风塔有效风速(3～20 m·s^{-1})频率都在 85% 以上,其中测风塔 27001 和 27003 有效风速频率在 90% 以上。各测风塔小于 15 m·s^{-1} 的风速频率占比均在 95% 以上。

　　27001 测风塔 70 m 高度风速频率较大的风速段集中在 3.6～9.5 m·s^{-1},占全年的 81.3%,2 m·s^{-1} 风速区间以下和 16 m·s^{-1} 风速区间以上均很少出现,21 m·s^{-1} 以上未出现;风能主要集中在 6.6～15.5 m·s^{-1} 风速区间,占全年的 77.8%,16 m·s^{-1} 风速区间

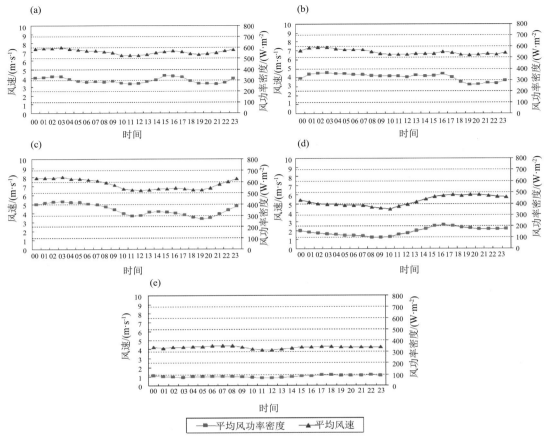

图 3.5　各测风塔 70 m 高度风速和风功率密度日变化曲线图
(a)27001,(b)27002,(c)27003,(d)27004,(e)27005

以上占 13.5％。

27002 测风塔 70 m 高度风速频率较大的风速段集中在 1.6～9.5 m·s⁻¹,占全年的 74.3％,1 m·s⁻¹ 风速区间以下和 16 m·s⁻¹ 风速区间以上均很少出现,20 m·s⁻¹ 以上未出现;风能主要集中在 7.6～14.5 m·s⁻¹ 风速区间,占全年的 65.1％,15 m·s⁻¹ 风速区间以上占 22.3％。

27003 测风塔 70 m 高度风速频率较大的风速段集中在 3.6～9.5 m·s⁻¹,占全年的 67.4％,1 m·s⁻¹ 风速区间以下和 16 m·s⁻¹ 风速区间以上均很少出现,21 m·s⁻¹ 以上未出现;风能主要集中在 7.6～15.5 m·s⁻¹ 风速区间,占全年的 71.5％,16 m·s⁻¹ 风速区间以上占 16.6％。

27004 测风塔 70 m 高度风速频率较大的风速段集中在 1.6～8.5 m·s⁻¹,占全年的 84.3％,1 m·s⁻¹ 风速区间以下和 13 m·s⁻¹ 风速区间以上均很少出现,19 m·s⁻¹ 以上未出现;风能主要集中在 5.6～11.5 m·s⁻¹ 风速区间,占全年的 72.0％,12 m·s⁻¹ 风速区间以上占 22.2％。

27005 测风塔 70 m 高度风速频率较大的风速段集中在 1.6～6.5 m·s⁻¹,占全年的

85.9%，1 m·s^{-1} 风速区间以下和 12 m·s^{-1} 风速区间以上均很少出现，15 m·s^{-1} 以上未出现；风能主要集中在 4.6～9.5 m·s^{-1} 风速区间，占全年的 65.8%，10 m·s^{-1} 风速区间以上占 21.5%。

测风塔各高度风能主要分布在较大风速区间内，风能百分比最大值所在的风速区间较风速最大出现频率所在风速区间大 3～5 m·s^{-1}。

从各塔同高度各等级风速及风能频率分布对比来看，测风塔 27003 频率较高的风速段分布范围内风速值较大，测风塔 27005 频率较高风速段分布范围内风速值最小，其余三塔频率较高的风速段分布范围内风速值则介于二者之间。

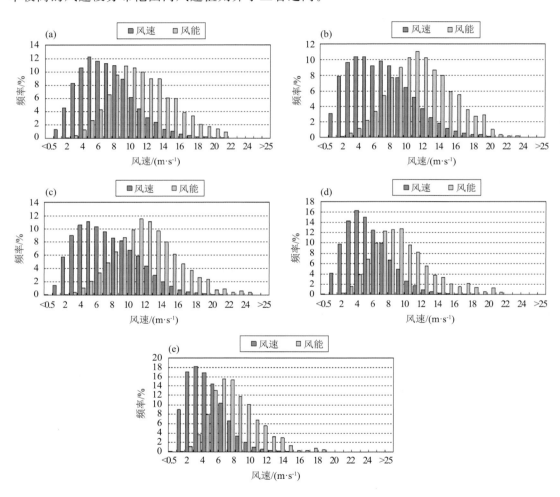

图 3.6　各测风塔 70 m 高度风速和风能频率分布直方图

(a)27001,(b)27002,(c)27003,(d)27004,(e)27005

3.3.5　风向和风能密度分布

以 16 方位各风向频率描述风的方向分布特征。风向频率指设定时段各方位风出现的次数占全方位风向出现总次数的百分比。

风能密度计算公式为:

$$D_{WE} = \frac{1}{2} \sum_{i=1}^{n} \rho \cdot v_i^3 \qquad (3.1)$$

式中:D_{WE} 为设定时段的风能密度(W·h·m^{-2});n 为设定时段内的记录数;v_i 为第 i 记录风速(m·s^{-1})值;ρ 为空气密度。

风能密度分布是指设定时段各方位的风能密度占全方位总风能密度的百分比。

榆林长城沿线详查区 27001 测风塔 10 m 和 50 m 高度观测年度风向频率最大为 S 风向,风向频率分别为 16.7% 和 14.5%,其次为 SSW 风向,风向频率分别为 13.6% 和 13.4%;70 m 高度风向频率最大为 SSW 风向,风向频率为 13.5%,其次为 S 风向,风向频率为 12.7%。其中 1 月风向频率最大为 WNW 方向,其次为 SSW 方向,随后风向频率最大风向逐渐向西南方向偏移,到 5 月份风向频率最大为 S 方向,5—9 月风向频率最大的均为 S 方向,10 月风向频率最大的为 SSW 方向,随后逐渐向西北方向偏移。总而言之,5—10 月主要风向大致集中在 SSW—S 方向,WNW—NW 方向风向频率也较大;1—4 月和 11—12 月风向频率最大的为 WNW 方向,SSW 方向次之。

27002 测风塔 10 m、50 m 和 70 m 高度观测年度风向频率最大为 S 风向,风向频率分别为 25.4%、20.0% 和 20.1%。10 m 和 50 m 高度 1 月风向频率最大为 S 方向,其次为 WNW 方向,70 m 高度风向频率最大为 WNW 方向,其次为 S 方向,2 月开始 S 方向风向频率逐渐增大,西北方向风向分布逐渐分散并减小,5—10 月风向频率最大的均为 S 方向,11 月风向频率最大的为 W 方向,随后逐渐向西北方向偏移。可见,5—10 月主要风向大致在 S 风向,其余月份 W—WNW 区间风向频率最大,S—SSW 区间次之。

27003 测风塔各高度观测年度风向频率最大为 W 风向,风向频率分别为 18.9%、13.2%、11.6% 和 14.2%,10 m、50 m 和 100 m 高度次多风向 S,风向频率分别为 12.5%、11.1% 和 10.6%,70 m 次多风向为 SSW,风向频率为 11.9%。各高度 1—4 月风向主要集中在 W—N 扇区和 SSW—SW 扇区,前者略大于后者,5 月开始偏南方向风向频率逐渐增大并占据主导地位,10 月风向频率又逐渐向偏西北方向转移,偏西北方向风向占据主导地位。

27004 测风塔 10 m 高度观测年度风向频率最大为 SSE 风向,风向频率为 16.8%,其次为 S 风向,风向频率为 13.8%;50 m 和 70 m 高度风向频率最大为 S 风向,风向频率分别为 19.0% 和 17.5%,其次为 SSE 风向,风向频率分别为 12.8% 和 13.2%。各高度 1—4 月风向主要集中在 NW—NNW 扇区和 SSE—S 扇区且偏西北方向风向频率大于偏东南方向,5 月开始偏南方向风向频率逐渐增大并占据主导地位,6—9 月风向主要集中在 SSE—S 区间,10 月风向频率又逐渐向偏西北方向转移,偏西北方向风向占据主导地位。

27005 渭南黄河沿岸详查区测风塔 10 m、50 m 和 70 m 高度观测年度风向频率最大为 NNE 风向,风向频率分别为 24.0%、23.5% 和 25.6%,100 m 高度观测年度风向频率最大为 NE 风向,风向频率为 31.8%。从各方向风向频率的分布情况可以看出,随着高度升高,主要风向有从北向东北方逐渐偏移的趋势,但不同高度各月份主要风向集中在 N—NE 扇区,变化较小。

由图 3.7 可见,各测风塔主要风向和风能分布基本一致,对于陕西榆林长城沿线详查区域,风能主要分布在偏西北和偏南两个方向,整体是偏北(西)风能大于偏南风;对于陕西渭南黄河沿岸详查区域,由于喇叭口地形的影响,风能主要分布在偏东北和偏西两个方向,整体是偏东北风能大于偏西风。观测年 27001 和 27002 测风塔 70 m 高度的风能主要集中在 WNW—NW(W—WNW)和 S—SSW 方向;27003 测风塔 70 m 高度的风能主要集中在 W—WNW 和 SSW—SSE 方向;27004 测风塔 70 m 高度风能主要集中在 NW—NNW 和 SSE—S 方向,偏北风能占比最高;渭南黄河沿岸 27005 测风塔 70 m 高度风能主要集中在 NE—NNE 和 W—WSW 方向,偏东北风能占比高。陕西省处于东亚季风区,受东亚季风影响较大,东亚季风的特点主要是冬季风为西北风,夏季风为东南风,因此各测风塔(27005 除外)1—4 月和 11—12 月多为西北方向,而 6—10 月多西南或东南方向。而 27005 测风塔受局地地形影响主要风向为 N—NE。

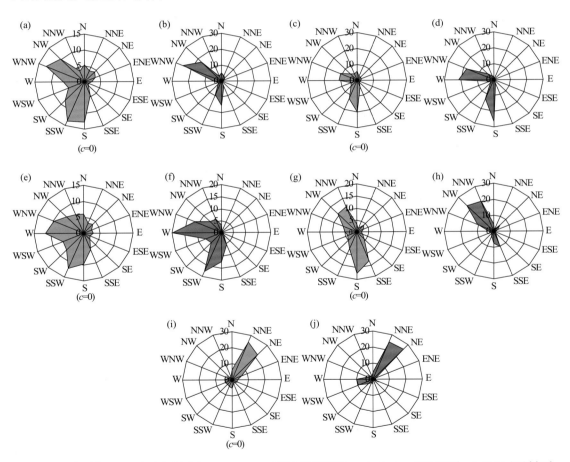

图 3.7　测风塔 70 m 高度年风向(a、c、e、g、i)及风能密度(b、d、f、h、j)玫瑰图(c 为静风占比)(%)
(a、b)27001,(c、d)27002,(e、f)27003,(g、h)27004,(i、j)27005

3.4　风能资源数值模拟

风能资源数值模拟是评价宏观区域风能资源分布情况的重要手段。因为气象站、测风塔在空间分布上数量有限,仅依靠单纯的站点观测资料很难对大范围区域空间分布特征作出准确评价,因此应用数值模拟技术开展宏观区域风能资源评价成为广泛应用的一种重要方式。

3.4.1　长期数值模拟技术

3.4.1.1　风能资源长期数值模拟方案

中国气象局风能太阳能资源评估中心在大气边界层理论研究和工程应用工作的基础上,根据我国天气气候特点,综合吸取丹麦和美国数值模拟技术的先进性,建立了中国气象局风能资源数值模拟评估系统 WERAS/CMA(Wind Energy Resource Assessment System/China Meteorological Administration)。该系统包括天气背景分类与典型日筛选系统、中尺度模式(Weather Research and Forcasting,WRF)和复杂地形动力诊断模式(California Meteorological Maded,CALMET)以及风能资源 GIS 空间分析系统。

WERAS/CMA 风能资源数值模拟评估方法基本思路是,依据不受地形影响高度上的风向、风速和每日最大混合层高度,将评估区历史上出现过的天气进行分类,然后从各天气类型中随机抽取 5%的样本作为数值模拟的典型日,之后分别对每个典型日进行逐时数值模拟并输出;最后根据各天气类型出现的频率,统计分析得到风能资源的气候平均分布。

WRF 模式系统是 1997 年由美国国家大气研究中心中小尺度气象处、美国国家环境预报中心的环境模拟中心、FSL 的预报研究处和俄克拉荷马大学的风暴分析预报中心四部门联合发起并建立的新一代高分辨率的中尺度模式,重点解决分辨率为 1～10 km、时效 60 h 以内的有限区域天气预报和模拟问题,模式结合先进的数值方法和资料同化技术、改进的物理过程方案(尤其是对流和中尺度降水系统的处理部分),同时具有多重嵌套及易于定位于不同地理位置的能力,而且具有便于进一步发展完善的灵活性。

在本节,长期数值模拟的模拟时段为 1979—2008 年,WRF 用 9 km 网格距,CALMET 水平分辨率为 1 km×1 km。数值模拟采用资料包括:NCEP/NCAR 再分析资料和常规气象站观测资料,再分析资料有等压面资料、地面资料和通量资料三类共 32 个要素场,分辨率为 2.5°×2.5°;中尺度数值模式中地形资料采用美国地质调查局(USGS)全球 1 km×1 km 分辨率的地形资料,复杂地形风场动力诊断模式采用美国航空航天局和国防部国家测绘局联合测量的(Shuttle Radar Topography Mission,SRTM3)90 m×90 m 分辨率地形资料,还有地表利用和植被指数等资料。

3.4.1.2 陕西省风能资源数值模拟分析

应用 WERAS/CMA 模式系统,按照数值模式运算方案,完成了陕西省风能资源长期数值模拟,并制作了距地面 150 m 高度下 10 m 间隔高度层水平分辨率 1 km×1 km 风能资源分布图。本节主要对全省 70 m 高度的风资源结果进行分析。

从陕西省风能资源长期数值模拟结果的 70 m 和 100 m 高度年平均风速(图 3.8)来看,同高度陕北地区,特别是榆林西部定边和靖边中部地区年平均风速较大,是陕西省风能资源最为丰富的地区。延安东南部部分地区、铜川东北部地区、咸阳和宝鸡北部地区平均风速也较大。另外关中南部秦岭一带虽然年平均风速也较大,但高原海拔高、空气密度小,所以有效风能密度比较低,可开发的风能资源并不丰富。陕南南部汉中和安康也存在平均风速大于 7 m·s^{-1} 的地区。不同高度对比来看,在上述平均风速较大区域存在随着高度增加,平均风速逐渐减小的趋势,但是也可以看出,随着高度增加,这些风速较大地区平均风速的变化幅度减小,即各地区之间的差异减小。

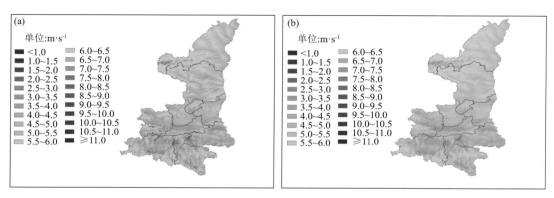

图 3.8　陕西省 1979—2008 年 70 m(a)和 100 m(b)高度年平均风速分布图

从各高度年平均风功率密度分布来看(图 3.9),相同高度,陕北地区,特别是榆林西部定边和靖边地区年平均风功率密度较大,在 350 W·m^{-2} 以上,是陕西省风能资源最为丰富的地区。延安东南部部分地区、铜川东北部地区、咸阳和宝鸡北部地区平均风功率密度也较大。关中南部秦岭一带年平均风功率密度也较大,但地形复杂、海拔高、空气密度小,所以有效风能密度比较低,可开发的风能资源并不丰富。陕南汉中南部和安康中部地区也存在平均风功率密度大于 350 W·m^{-2} 的地区。不同高度对比来看,在上述平均风功率密度较大区域随着高度增加,平均风功率密度逐渐减小,但是随着高度增加,这些地区平均风功率密度的变化幅度减小,即各地区之间的差异减小。

通过 3.9 计算陕西省风能资源储量,全省 70 m 高度风功率密度大于 200 W·m^{-2}、300 W·m^{-2} 的技术开发量分别为 2524 万 kW、1115 万 kW,技术开发面积分别为 7170 km^2、3302 km^2;从上述分析可知,陕西省风能资源基本上呈现出三个东西向的风能资源丰富带,分别是陕北白于山黄土高原区域、渭北黄土高原高海拔区域和秦岭山脊以及秦岭山区和巴山北部的高海拔区域。

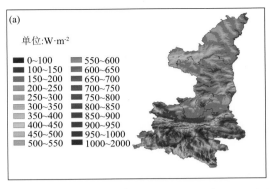 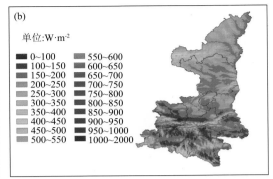

图 3.9　陕西省 1979—2008 年 70 m(a)和 100 m(b)高度年平均风功率密度分布图

3.4.2　陕北风能资源短期数值模拟

采用中尺度与小尺度结合的模式系统(MM5/CALMET)进行陕西省风能资源的短期数值模拟。模拟距地面高度 150 m、水平分辨率 1 km×1 km、垂直分辨率 10 m 的各类风参数,模拟时段为 2007 年 1 月 1 日—2015 年 12 月 31 日。由于陕西省风能资源丰富区域主要集中在陕北区域,大规模的风电开发也集中在该区域。因此本节主要针对陕北区域风能资源数值模拟进行分析。

图 3.10 为陕西省榆林区域 2007—2015 年 70 m 高度逐年年平均风速数值模拟结果。从近 10 年 70 m 高度模拟结果可以看出陕北区域风资源年际波动很大,2011 年、2007 年和 2014 年属于风速偏小年份;2010 年和 2015 年属于风速偏大年份;2008 年、2009 年、2012 年和 2013 年属于风速正常年份。2010 年年平均风速最大,区域风能资源最好,尤其是在定边、靖边和横山一带风能资源最丰富,年平均风速在 7.5 m·s^{-1} 以上,定边中部风速达 8.0~8.5 m·s^{-1},榆阳和神木区域风速也较大,在 7.0~7.5 m·s^{-1};2011 年年平均风速最小,资源最丰富的定边、靖边区域年平均风速减少了很多,定边风能资源最丰富区年平均风速在 7.5 m·s^{-1} 以下,靖边、横山、榆阳和神木一带风速 6.5 m·s^{-1} 左右。由此可见,利用测风塔进行风电场风能资源评估时,一定要考虑测风塔观测年代表性。

3.4.3　开发建议

根据陕西风能资源数值模拟结果和风能资源的基本特征,提出风电场开发和运营的科学建议:

(1)风电开发建议

针对不同区域风能资源的丰富程度,对陕西省风电开发的先后顺序提出建议。陕北白于山黄土高原地区、渭北黄土高原高海拔区、秦岭山区和巴山北部山区及陕南汉中南部和安康的部分零散地带风能资源较好,其他地方风能资源较差。就开发顺序而言,陕北长城沿线定边和靖边地区是陕西省风能资源最好的地区,且当地地势开阔,地形平坦,位于沙漠边缘,地形阻挡较小,适合较大规模的并网风力发电,所以陕西省应优先开发此地的风能资源。

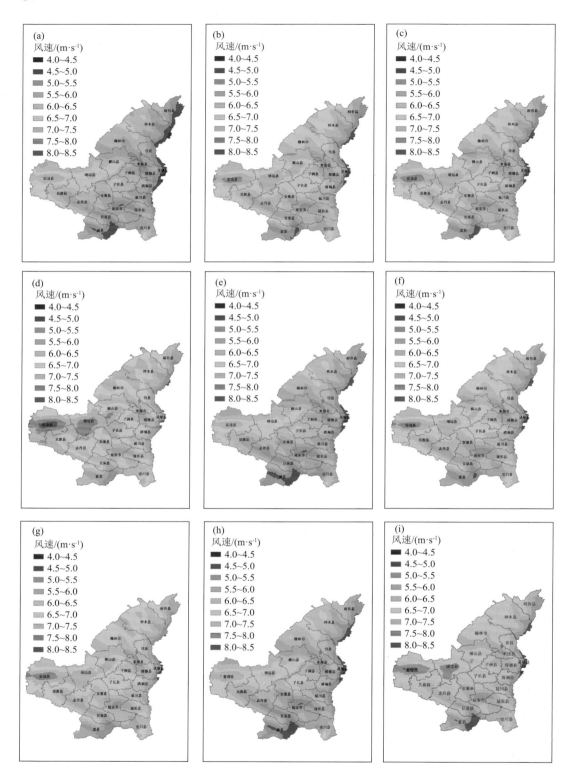

图 3.10 陕北 2007—2015 年 70 m 风能资源精细化分布

(a)2007 年,(b)2008 年,(c)2009 年,(d)2010 年,(e)2011 年,(f)2012 年,(g)2013 年,(h)2014 年,(i)2015 年

陕北横山南部、榆林市和神木市交界地带、白于山南麓部分地区及渭北黄土高原高海拔地区风能资源相比陕北长城沿线地区稍差,但当地地势开阔平坦,地形条件对风电开发的阻力较小,可考虑大型并网电站和分布式电站相结合进行开发应用,随着风力发电技术的发展和提高及目前社会经济发展对清洁能源的需求,这些地方也可作为风电开发利用的中期目标区域。

秦岭山区、巴山北部山区和陕南汉中南部、安康部分地区风能资源也达到了2级,但此地地形条件相对更为复杂,多为陡峭的山地,因此在风电开发利用上存在一定的难度,可以考虑在这些地区进行小范围的分布式风电开发,此地可作为陕西省风能资源开发利用的远期规划。

(2)风电调度建议

电网调度时,考虑风能资源的季节差异和日变化特征,在风能资源较好的冬春季节,可考虑较大规模利用风电,而夏秋季节风能资源较差,风电的利用较有限,可考虑与其他发电方式互补;一日之内,夜间风能资源较好,可在这段时间多利用风电资源,白天风能资源较差,可以考虑多用其他方式来补给电力需求。另外,可根据风能资源的季节和日变化规律,在平均风功率密度最小的季节或平均风功率密度较小时段,以及市场电力需求较小时期等,采取停机的方式,定期对风电场各相关设备进行彻底清洗、保养、维护或检修等,避免造成故障,从而影响并网发电,损失发电收入。同时,为了做到电网合理调度,保证供电质量,需要配套风电场发电量短期预报系统进行风电的调峰控制,避免对主干电网的冲击。

第 4 章
风电场风工程气象参数特征

从风能的角度来看,风资源最显著的特性是其变化性。风受地理环境和时间因素的影响变化很大。就广义而言,不同地区纬度影响日照总量,从而引起风的变化。就局部而言,风的变化趋势主要受地形的影响。近地层风速的垂直分布即风廓线是大气边界层研究和工程设计所需的基本气象参数,也是风电场风资源评估的关键要素。近地层风状况特性涉及工程抗风、风能开发利用等,近地层风的微观结构包括垂直变化、阵性和脉动特征等。大气边界层的风速轮廓法则构成了从测量高度或模拟层高度垂直内推或外推到风力发电机叶轮面内的轮毂高度或其他高度的基础。山地地形对风场的影响机制比较复杂,一方面因接受的太阳辐射不均匀而导致气流的局地上升和下沉,另一方面由于地形起伏而改变了低层气流的方向和速度。我们将专注于风速和湍流的垂直轮廓,因为它们是对风力发电最重要的大气边界层特征(Stefan,2014)。

4.1 风切变特征

在风资源评价中,风速随高度垂直分布特征具有重要意义(廖明夫 等,2008),风速廓线是风能利用中最为重要的问题之一,它是热力效应与动力效应的共同反映。同时,风切变指数也是涉及风机安全的一个重要参数,风机的设计和选型都要考虑风切变指数的大小,大的或极端风切变将对风机造成极大的风负载和疲劳损失,影响风机使用寿命和运行安全。因此研究风速随高度的变化规律是风能利用中十分重要的问题。

多年来,众多研究人员对近地层风廓线特征做了多方面的研究。孙海燕等(2008)利用贵州绥阳进行的监测试验资料分析了当地山区边界层风温垂直廓形的结构特征。李明华等(2008)利用珠江三角洲的大气边界层观测资料分析了该区域秋季大气边界层温度和风廓线特征。刘学军等(1991)分析了天津城市建筑群对近地层风廓线的影响,发现不同性质下垫面上近地层的风廓线存在显著差异。赵鸣等(1996)利用天津 250 m 塔资料得到风切变的若干特征。针对风电场建设运行的风切变特征研究相对较少。刘敏等(2010)利用三个测风塔资料研究了湖北省不同地形条件下风速随高度的日变化、季节变化、年变化等,结果表明在复杂地形条件下,地形和下垫面对风速垂直变化存在显著影响。李鹏等(2011)利用 13 个风电场全年风速样本研究了平原、山地和沿海三种地形近地层风随高度的变化特征,结果表明近地层风速随高度增加占绝大多数,可以用幂函数拟合逐时风廓线。彭怀午等(2008)通过分析风切变指数的计算和表达方式,提出了几种新的风切变指数计算方法,详细描述了风切变年平均结果、日变化和月变化。

我国北方黄土高原地区风能资源较丰富,而对该地区近地层风的特点,受观测资料的限制,即使是单站资料研究也很少。选取陕北黄土高原地区 6 座测风塔资料分析近地层风速廓线特征及其变化原因,希望找到陕北黄土高原风能资源丰富地区的风切变系数的统计规律,以利于更精确的风能资源评估,其结果将有一定的指导意义。

4.1.1　风切变指数及数据处理

（1）风切变指数

近地层风速的垂直分布主要取决于地表粗糙度和低层大气的层结状态。当大气层结为中性时,湍流将完全依靠动力原因,即地表粗糙度来发展。这时风速随高度变化服从普朗特经验公式：

$$\overline{u}(z) = \left(\frac{u_*}{k}\right)\ln\left(\frac{z}{z_0}\right) \tag{4.1}$$

式中：$\overline{u}(z)$ 为距地面高度为 z 处的平均风速；u_* 为摩擦速度；k 为 Karman 常数,一般近似地取 0.4；z_0 为地面粗糙度长度,与地面状态有关。

假设混合长度随高度变化有简单指数关系,由此推导的风切变指数律为

$$u_n = u_i\left(\frac{z_n}{z_i}\right)^a \tag{4.2}$$

式中：u_n 和 u_i 分别为高度在 z_n 和 z_i 处的风速；α 为风切变指数。

式(4.2)是工程上常用的简化指数风廓线公式,也是风能评估中最常用的公式。丁国安等(1982)研究表明,无论风速大小、层结状态,采用指数式(4.2)计算不同高度的风速都比对数公式更接近实测值。我国新修订的《建筑结构设计规范》也推荐使用幂指数公式,因而本书采用幂函数式(4.2)拟合近地层风。

关于风切变指数的计算,气象上通常是先求年平均风速廓线,再对年平均风速廓线用式(4.2)给出的幂函数拟合。工程统计中一般先求出每个时次的风切变指数,再求平均值,且 α 通常只用两层数据求得,没有拟合多层风速廓线数据。本研究用如下方法求取风切变系数 α：若有多层观测数据,用幂函数拟合曲线,用最小二乘法拟合求取 α；若仅有两层观测数据,则直接求风切变指数。

（2）资料介绍

选用陕西风能资源丰富的榆林地区 6 座测风塔资料进行分析,6 座测风塔分别位于榆林地区的定边(db)、靖边(jb)、横山(hs)、榆阳区(yq)、神木(sm)和府谷(fg),测风塔相关信息见表 4.1。

表 4.1　测风塔相关信息

测风塔名称	样本个数	下垫面	地表类型	海拔高度/m	测风高度/m
db	8734	谷地	沙地	1769	10,40,50,60,70
jb	8633	高原台地	沙地	1728	10,30,50,70,100
hs	8752	高原台地	沙地(少量灌木)	1407	10,30,50,60,70
yq	8607	草滩	草地	1300	10,25,50,60,70
sm	8718	山地	沙地(少量灌木)	1317	10,40,60,70,80
fg	8699	山地	沙地	1245	10,30,50,60,70

测风塔观测频率为每 10 min 1 次,每小时 6 次观测记录平均得到逐小时的平均风速,去掉缺测和不合理资料,每个测站观测时间均为一年。测风塔最高测风高度为 100 m,各塔的测风层次略有不同。

4.1.2 风切变指数特征

(1)不同下垫面总风切变

利用上述方法计算各测风塔总风切变指数,结果见表 4.2,可以看出,各测风塔风切变指数均为正值,说明在陕北黄土高原大部分地区随着高度上升风速呈增大趋势。几座测风塔风速垂直廓线(图 4.1)也表现出这一变化趋势。对照表 4.2 来看,虽然几座测风塔都位于陕北黄土高原地区,但由于所处小区域下垫面和地表植被的不同,各测风塔风切变指数也存在差异。当地表植被相同时,地形为山谷、高原台地的测风塔风切变指数较小,均在 0.2 以下,而地势较为平坦的草滩风切变指数则较大,大于 0.2。这与李鹏等(2011)等的研究结果比较一致,其研究结果表明山地的风切变指数比平原小。地表粗糙度对风切变指数的影响为:山地类测风塔地表为沙地时风切变指数小,随着地表粗糙度的增加,由沙地到有少量灌木时,风切变指数增大在 50% 以上。

表 4.2　各测风塔总风切变指数

测风塔名称	db	jb	hs	yq	sm	fg
风切变指数	0.125	0.114	0.199	0.234	0.165	0.107

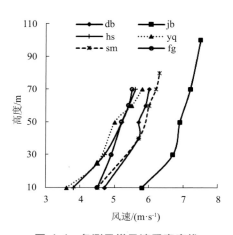

图 4.1　各测风塔风速垂直廓线

(2)风速垂直切变日变化

大气层稳定性是影响风切变指数的重要因素,因为大气层的稳定性随着季节、日气温和气象条件而变化,风切变指数也随之变化。从图 4.2 可以看出不同地形下风切变指数的变化均表现出白天较小,夜间较大的特征。整体而言,α 值的日变化曲线为正弦波形,峰值出现在凌晨至 07 时之间,谷值出现在午后,15 时左右降至最低。10—16 时的风切变指数较小,20 时以后到翌日 06 时之前的风切变指数较大。这是因为从中午到傍晚高强度的太阳辐射引起大气层的不稳定性,大气湍流混合作用更加明显,使不同大气垂直层间的动量交换频繁,风速垂直梯度较小,导致较低的风切变指数。而夜间没有日照,地表温度低,大气层趋向于更稳定,因此,层间很少混合或不混合,风速趋向于随着离地面高度的增加而急剧增加,导致高的风切变指数。不同测风塔进入波谷的时间有约 1 h 的差异,这与各站日出时间早晚有关。

同时,可发现各测风塔昼夜风切变差异也不一致,yq 测风塔风切变最大值和最小值差为 0.351,昼夜差异最显著,其余测风塔风切变指数昼夜差值均在 0.2 以下,其中,jb 测风塔最小为 0.095。各塔风切变指数昼夜差异的不一致与各塔所在区域的地表粗糙度情况相符合,推测可能是由于地表粗糙度对大气层结稳定度的影响导致各塔风切变指数的昼夜差异不一致。yq 测风塔属于沙草地,白天下垫面热力作用对风速影响大,因此表现出昼夜切变差异最大。

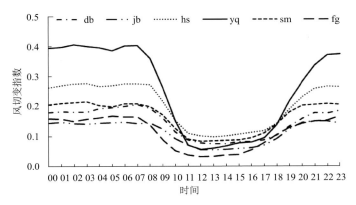

图 4.2 各测风塔风切变指数日变化曲线

(3)风速垂直切变季节变化

图 4.3 给出了各塔风切变和平均风速月变化曲线。可以看出,各测风塔的风切变指数月变化规律并不一致,db、qy 和 fg 三塔风切变夏季较小,冬季较大;hs 和 sm 两塔则是夏半年风切变小,冬半年风切变大;而 jb 测风塔则是春秋季风切变较小,而冬夏季则较大。彭怀午等(2008)研究风资源评价中风切变指数时指出一年内,最低的月风切变指数和太阳辐射的月最高值在时间上重合。但经过上述分析多塔结果发现仅有三塔符合此规律,而其他几塔风切变指数月变化与太阳辐射在时间上并不一致。

另外,马惠群等(2012)发现风速与风切变指数月变化具有一定的相关性,随着风速增加,风切变指数也有增加的趋势。对此,本节分析了各测风塔风切变指数与月平均风速的相关关系,yq 和 jb 两塔月风切变指数与平均风速正相关关系较好,相关系数在 0.5 以上,db 和 sm 两塔月风切变与平均风速无显著相关性,其余两塔月风切变和月平均风速则呈现显著的负相关关系。可以看出不同测风塔风切变指数和平均风速月变化趋势并不一致。测风塔风切变指数的月变化特征成因还有待进一步研究。

(4)不同风速条件下风切变指数变化

计算不同风速条件下风切变指数变化情况,用整数风速代表上下各 $0.5 \text{ m} \cdot \text{s}^{-1}$ 的风速

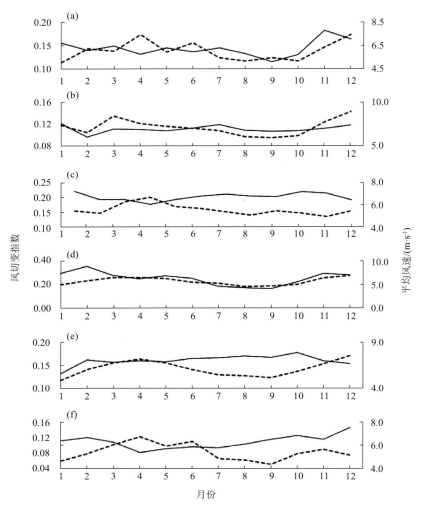

图 4.3　各测风塔风切变指数（实线）和平均风速（虚线）月变化曲线
(a)db,(b)jb,(c)hs,(d)yq,(e)sm,(f)fg

范围,即,1 m·s^{-1} 代表 0.5～1.5 m·s^{-1} 这个区间范围,然后拟合风切变指数,见图 4.4。由图可见,各测风塔风切变指数均随着风速增大呈现先增大后减小的变化趋势,但峰值出现风速区间各不一致,其中 db 塔风切变指数最大值对应的风速最小,在 3 m·s^{-1} 风速区间,而 jb 塔风切变指数最大值对应的风速区间最大,为 11 m·s^{-1} 风速区间。总的来说,各塔的风切变指数峰值基本都出现在 3～12 m·s^{-1} 风速区间内,这个风速区间也是风机发电的主要风速范围,风切变指数峰值出现在该风速范围内,有利于提高风电场发电量。另外,对比各风速区间风切变指数与综合风切变指数值,可以发现在风速区间 3～12 m·s^{-1} 的风切变指数大于风电场综合风切变指数。风机切入风速一般为 3～4 m·s^{-1},额定风速一般为 11～12 m·s^{-1},也就是说在切入风速与额定风速之间的风速,其风切变指数大于测风塔综合风切变指数,也有利于提高风电场发电量。

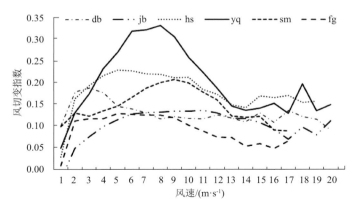

图 4.4 各测风塔不同风速区间风切变指数

由于风机切入风速一般在 3～4 m·s⁻¹，3 m·s⁻¹ 以下风速对风机功率没有贡献，而且在小风速下，数据误差大。因此以 70 m 高度风速为参考，计算全风速段和 3 m·s⁻¹ 以上风速大气层不同垂直层间风切变指数，比较其差异，结果如表 4.3 和表 4.4 所示。对照两表可以看出，选取大于 3 m·s⁻¹ 数据计算时，风切变指数平均值较采用全部数据有所增加，而标准差和偏离系数均减小，说明采用大于 3 m·s⁻¹ 数据计算风切变指数结果较为集中，平均值的代表性较好。最大值和最小值的差异也较采用全部数据有所减小。在进行风电场风资源评估时，可以对测风塔风切变指数详细分析，确定风电场的可开发性。

表 4.3 采用全部数据计算各测风塔风切变指数

测风塔名称	风切变指数				
	平均值	标准差	偏离系数	最大值	最小值
db	0.14	0.12	0.86	1.00	−0.66
jb	0.11	0.08	0.73	0.62	−0.52
hs	0.20	0.13	0.66	1.06	−0.66
yq	0.26	0.24	0.92	1.52	−0.56
sm	0.16	0.10	0.60	1.00	−0.64
fg	0.11	0.12	1.08	0.95	−0.62

表 4.4 采用风速大于 3 m·s⁻¹ 数据计算各测风塔风切变指数

测风塔名称	风切变指数				
	平均值	标准差	偏离系数	最大值	最小值
db	0.14	0.10	0.73	1.00	−0.07
jb	0.12	0.07	0.61	0.51	−0.11
hs	0.22	0.12	0.54	1.06	−0.02
yq	0.28	0.22	0.80	1.52	−0.14

测风塔名称	风切变指数				
	平均值	标准差	偏离系数	最大值	最小值
sm	0.17	0.09	0.52	0.88	−0.11
fg	0.12	0.10	0.79	0.95	−0.13

4.1.3 垂直风廓线的交叉高度

4.1.3.1 测风塔年垂直风廓线的交叉高度

陆地上大气边界层的热稳定性的日常变化也会影响风的垂直变化。地表附近风和一定高度上的风的日变化差异很大。"交叉"这一术语来自于展示白天和夜晚平均垂直廓线的图，这两个风廓线在一定高度处相互交叉，这个高度叫交叉高度或者逆转高度。交叉高度以下，白天平均风速大于夜晚平均风速，而交叉高度以上则相反，夜晚的风速大于白天。

在交叉高度的上下两层内，由于对流边界层强烈的垂直混合，白天的风速基本相等。夜晚，地表辐射冷却导致边界层的强分层结构，交叉高度以下的风，不再感受到高层的驱动风，而交叉高度以上的风由于缺少下方的摩擦阻力而加速。交叉高度之上的夜间加速导致低空急流的形成(陆地上，低空急流为风速垂直轮廓线在夜晚出现的极大值，形成于夜晚边界层的顶部，低空急流的典型高度为距地 150～500 m)(斯特凡，2014)。

分别计算陕北 6 座测风塔白天(08—19 时)和夜间(20 时—次日 07 时)的垂直风廓线见图 4.5，从图中可见，6 座测风塔中有 4 座存在交叉高度，分别是 db、hs、yq 和 fg，表 4.5 为 6 座测风塔年垂直风廓线的交叉高度，四座测风塔的交叉高度在 20～70 m。出现交叉高度的四座测风塔风的垂直廓线在交叉高度上风的日变化差异性很大；交叉高度以下，风速白天大于夜晚，以上则相反，即夜晚的风速大于白天风速。但是测风塔 jb 和 sm 在现有的观测高度上未观测到交叉高度，这两座测风塔表现出白天的风速在所有高度上都小于夜晚的风速。可能和这两个测风塔独特的地形和下垫面有关，jb 测风塔属于孤山型，白天下垫面加热作用不明显。

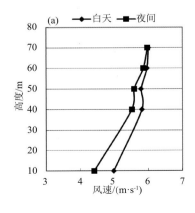
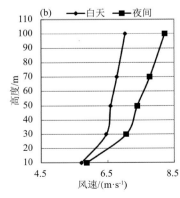
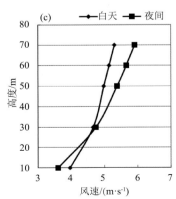

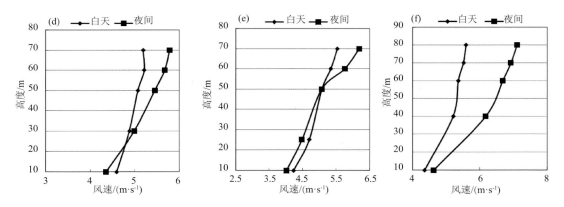

图4.5 陕北6座测风塔白天和夜晚的年平均垂直风廓线
(a)db,(b)jb,(c)hs,(d)fg,(e)yq,(f)sm

表4.5 6座测风塔垂直风廓线的交叉高度

	db	jb	hs	yq	sm	fg
交叉高度/m	70	—	25	50	—	23

同时,大气边界层的演化主要取决于地球表面能量平衡的日变化。白天的时候,太阳加热地表,由于热量从下面输入而产生热对流,使对流边界层不断生长。对流边界层受强烈的垂直混合支配,因此垂直梯度小。夜间,由于长波辐射,地表冷却,稳定边界层在地表附近形成。稳定边界层的特性是湍流强度低和垂直梯度大。

4.1.3.2 四季交叉高度

计算各塔四季(1、4、7、10月)白天夜间的交叉高度,分析交叉高度上、下的变化(图4.6):从图中可见,6座测风塔均存在交叉高度,表4.6为6座测风塔各季节垂直风廓线的交叉高度,春季(4月)jb、hs和sm三座测风塔存在交叉高度,分别在60 m、12 m和40 m;夏季(7月)有四座测风塔存在交叉高度,分别为db(40 m)、hs(15 m)、yq(25 m)和fg(20 m);秋季(10月)db、hs、fg、yq存在交叉高度,分别在50 m、70 m、12 m和25 m;冬季(1月)仅测风塔hs存在交叉高度,为20 m。jb、db和sm测风塔交叉高度在40~70 m,hs、yq和fg测风塔交叉高度均在10~25 m。交叉高度以下,风速白天大于夜晚,以上则相反,即夜晚的风速大于白天。

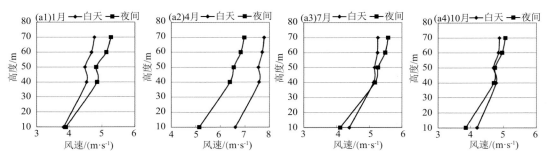

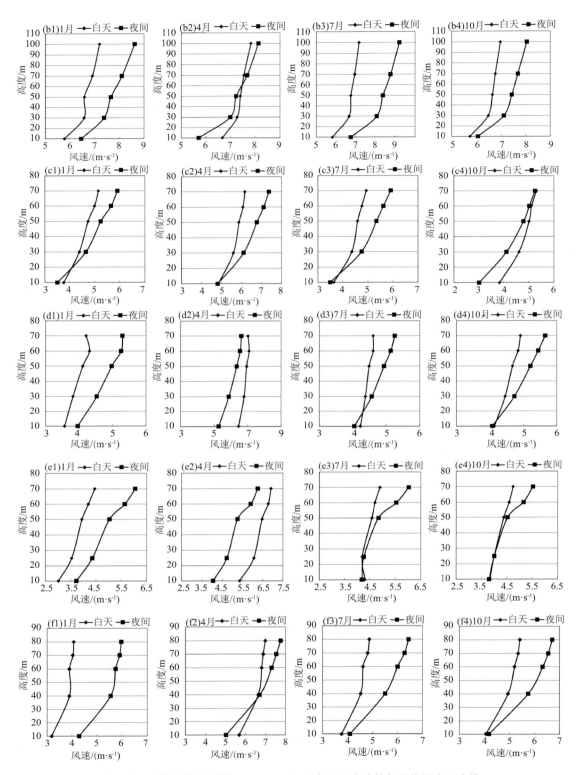

图 4.6 陕北 6 座测风塔 1、4、7、10 月白天和夜晚的年平均垂直风廓线

(a1—a4)db,(b1—b4)jb,(c1—c4)hs,(d1—d4)fg,(e1—e4)yq,(f1—f4)sm

表4.6 6座测风塔各月垂直风廓线的交叉高度

月份	db	jb	hs	yq	sm	fg
1月	—		20 m			
4月	—	60 m	12 m		40 m	
7月	40 m		15 m	25 m	—	20 m
10月	50 m		70 m	25 m		12 m

4.2 风频曲线及威布尔分布参数

4.2.1 威布尔分布

尽管年平均风速的年际变化很难预测,但是由于一个地区的风能资源状况依赖于该地区风的统计特性,在一年中的风速变化仍然可以用概率分布进行描述(Tony,2007)。而体现风的统计特性的一个重要形式是风速的频率分布。风速频率分布是某个时期的风速,通常以 $1\ \mathrm{m\cdot s^{-1}}$ 为风速的区间,统计每个风速区间内风速出现的次数。风况曲线表明了风速和平均风速的累积分布关系。风速频率分布左右是非对称的,其最大值偏向于弱风一侧。通常在描述风速频率分布时,采用威布尔(Weibull)分布。

威布尔分布是一个描述在一些典型地点一年中小时平均风速变化的公式。

$$F(U) = \exp\left[-\left(\frac{U}{A}\right)^k\right] \tag{4.3}$$

其二参数概率密度函数用下式表示:

$$f(x) = \frac{k}{A}\left(\frac{x}{A}\right)^{k-1} \exp\left[-\left(\frac{x}{A}\right)^k\right] \tag{4.4}$$

式中:$f(x)$ 为概率密度函数;A 为尺度参数;k 为形状参数。$F(U)$ 为超过 U 的小时平均风速的时间分量,它由两个参数来描述:尺度参数 A 和形状参数 k,它们描述了平均值的概率。因此,用二参数威布尔分布对风速频率分布进行拟合。威布尔分布不仅可用于拟合地面风速分布,也可用于拟合高层风速分布。

风速频率函数随形状参数的改变而变化。形状参数 k 的改变对分布曲线有很大影响。随着 k 值的增大,高峰更尖。当 $k=1$ 时,曲线分布呈指数型;$k=2$ 时曲线分布便成为瑞利分布;当 $k=3.5$ 时威布尔分布实际已很接近于正态分布了。形状参数 k 值越大,如等于2.5 或3,表明某地的年平均小时平均风速变化很小,k 值低时,如等于1.5 或者1.2,表明年平均小时平均风速变化较大。

尺度参数 A 和年平均风速有关,随着高度的升高,A 是增加的,但是曲线的斜率不一致,这是由拟合的幂指数不一样造成的。

4.2.2 测风塔分类

近年来,越来越多的陆上风机被建在复杂地形(如山或山脉)上,远离附近的海岸和平原地区。复杂地形上的风受地表特征变化(如山、山脊、山脉、悬崖)的影响大,风机的最佳选址为被抬升的位置,如山顶。我们用地貌来描述地表特征和高度的总体变化,用地形来描述海拔高度。根据风能详查的结果,陕西省风能资源较为丰富区域主要集中在陕北区域,榆林市是陕西省风资源丰富区域,也是陕西省百万千瓦风电场规划区域和风电场开发的重点区域,榆林风能资源较丰富的地区主要集中在山区、塬上,受地形影响较大。因此,根据该区域不同测风塔的地貌特征,划分为三类地貌:A类地貌是海拔较高的孤山、山顶,受附近地形和下垫面影响较小,B类地貌是塬上、山梁(山脊)上,周围地形和下垫面有一定的影响(山地),C类地貌是较开阔的地形,受下垫面影响大(如毛乌素沙漠边缘地)。

从该区域根据不同地形特点选取6座测风塔1年完整的观测数据,研究不同地形下测风塔威布尔参数特征,分析局地地形对威布尔分布参数的影响规律。这6座测风塔分别位于榆林地区的定边、靖边、横山、榆阳区和神木市,其分类分别是:

A类:jbyd、jbqy;

B类:hsdq、dbxz、smdl;

C类:yyxh,测风塔相关信息见表4.7。

表4.7 榆林市6座测风塔基本信息

测风塔名称	塔高/m	地貌	观测时间	地表类型	海拔高度/m	测风高度/m
jbyd	100	孤山	2010年01月—2010年12月	沙地	1728	10,30,50,70,100
jbqy	80	山顶	2012年10月—2013年09月	沙地	1570	10,30,50,70,80
dbxz	90	山梁	2012年01月—2012年12月	少量灌木	1786	10,30,50,70,90
hsdq	80	塬上	2012年01月—2012年12月	草地	1370	10,30,50,70,80
smdl	80	山梁	2012年10月—2013年09月	少量灌木	1294	10,40,60,70,80
yyxh	80	起伏沙地	2012年01月—2012年12月	沙草地	1248	10,30,50,70,80

4.2.3 测风塔测风数据处理

测风塔观测频率为每10 min 1次,每小时6次观测记录平均得到逐小时的平均风速,去掉缺测和不合理资料,每个测站采用数据的观测时间均为一年。测风塔最高测风高度为100 m,各塔的测风层次略有不同,基本在80~100 m,观测层次为5层,分别为10 m、30(40) m、50(60) m、70 m和80(90或100) m。以1月、4月、7月和10月作为春夏秋冬的代表月,按照公式(4.4)分别计算年、季各层威布尔参数,以及年、各季白天(07—19时)、夜晚(20时—次日06时)的威布尔参数。

4.2.4 威布尔分布的特征

4.2.4.1 威布尔分布年变化特征

风速的概率分布是衡量风能资源分布特性的重要指标,它反映了风电场某个时段每一风速段出现的概率。表 4.8 为 6 座测风塔观测年各高度威布尔参数,图 4.7 为 6 座测风塔 50(60) m、80(90 或 100) m 高度年平均风速威布尔分布图,由图可以看出,测风塔风速概率分布情况与威布尔曲线拟合情况较好。

整体上各测风塔随着测风高度增加,风速不断增大,风速频率分布曲线也逐渐向右偏移,大风速的频率增加得更多,因此 80(90 或 100) m 高度的威布尔分布曲线比 50(60) m 的更宽一些。

测风塔 hsdq 和测风塔 yyxh 风速频率主要集中在 3.0~8.0 m·s^{-1},分别约占 80% 和 82%,因此,这两个风电场属于典型的山地低风速风电场;而测风塔 jbyd 和测风塔 dbxz 风速频率主要集中在 4.0~11.0 m·s^{-1},分别约占 70% 和 78%,风速≥12 m·s^{-1} 频率分别占 20% 和 17%,属于资源较好的风电场。

一般来说威布尔形状参数 k 值越小,代表风的变化程度越剧烈,阵性越强;k 值越大,代表风的变化平缓,阵性越弱;当 $k=2$ 时,代表中性的风,风的变化一般,阵性强度中等。这 6 座测风塔形状参数 k 各高度变化范围分别为:jbyd 2.06~2.16、jbqy 2.20~2.48、dbxz 2.21~2.25、hsdq 2.09~2.32、smdl 2.08~2.21 和 yyxh 1.70~2.34,由此可见,这 6 座测风塔大多数风速的阵性变化程度一般,属于中等阵性强度,在毛乌素沙漠边缘区域的 yyxh 测风塔 10 m 高度上 k 为 1.70,表明在该高度风速的变化程度比较剧烈,阵性较强。

这 6 座测风塔威布尔分布中的尺度参数 A 与风速的变化趋势基本一致,风速越大,A 值也越大。其中 jbyd 测风塔年平均风速最高,其 A 值最大,yyxh 测风塔年平均风速最小,其 A 值最小。

表 4.8　6 座测风塔观测年各高度威布尔参数

测风塔名称	参数	高度				
		10 m	30 m	50 m	70 m	100 m
jbyd	A	6.50	7.58	7.82	8.14	8.51
	k	2.08	2.16	2.13	2.11	2.06
	风速	5.76	6.71	6.92	7.21	7.54
		10 m	30 m	50 m	70 m	80 m
jbqy	A	6.31	6.76	6.78	7.39	7.65
	k	2.36	2.48	2.20	2.46	2.44
	风速	5.59	6.00	6.00	6.56	6.79
		10 m	30 m	50 m	70 m	90 m
dbxz	A	6.52	7.11	7.46	7.62	7.87
	k	2.21	2.21	2.25	2.21	2.21
	风速	5.78	6.30	6.61	6.75	6.97
		10 m	30 m	50 m	70 m	80 m
hsdq	A	5.06	5.76	6.10	6.48	6.55
	k	2.09	2.27	2.32	2.32	2.30
	风速	4.48	5.10	5.41	5.74	5.80

续表

测风塔名称	参数	高度				
		10 m	30 m	40 m	60 m	80 m
smdl	A	5.23	—	6.57	7.13	7.33
	k	2.11	—	2.20	2.21	2.08
	风速	4.63	—	5.82	6.31	6.49
		10 m	30 m	50 m	70 m	80 m
yyxh	A	3.74	4.91	5.69	6.25	6.43
	k	1.70	2.24	2.34	2.34	2.31
	风速	3.34	4.35	5.04	5.54	5.70

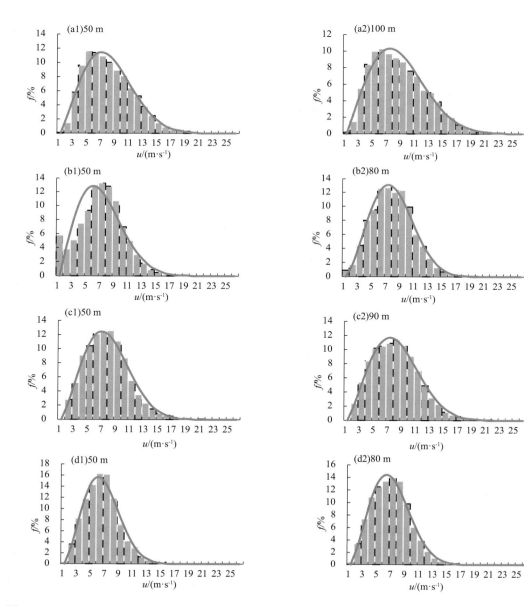

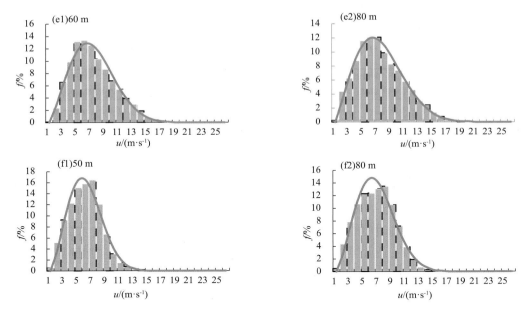

图 4.7   6座测风塔观测年各高度威布尔分布图
(a1—a2)jbyd,(b1—b2)jbqy,(c1—c2)dbxz,(d1—d2)hsdq,(e1—e2)smdl,(f1—f2)yyxh

4.2.4.2   威布尔参数季节变化特征

表 4.9 和图 4.8 分别是计算的 6 座测风塔观测 1 月、4 月、7 月和 10 月各季各高度威布尔参数和威布尔分布图。整体来看,6 座测风塔 k 值在 7 月相对最大,个别塔在 4 月、10 月 k 值相对较大;1 月的 k 值相对较小,个别塔在 4 月、10 月也出现过相对较小的情况。夏季和秋季的 k 值相对较大,说明风速变化幅度较小;冬季和春季的 k 值相对较小,说明此时段风速变化幅度较大(朱德臣 等,2007)。

各塔威布尔形状参数 k 值季节变化幅度相对较大。四季 k 值平均值最大与最小差值最大的塔是 jbyd(0.94),其次是 smdl(0.74),季节 k 值平均值最大与平均最小值差值最小的塔是 jbqy(0.31),其次是 hsdq(0.55)和 dbxz(0.55)。

在这 6 座测风塔中,测风塔 yyxh 各季各高度参数 k 值在 1.53~2.82 波动,年内 k 值变化幅度最大(1.30),测风塔 jbyd 各季各高度参数 k 值在 1.77~2.98 波动,年内 k 值变化幅度次大(1.21);测风塔 dbxz 各季各高度参数 k 值在 2.10~2.75 波动,年内 k 值变化幅度最小(0.65),测风塔 hsdq 各季各高度参数 k 值在 2.17~2.87 波动,年内 k 值变化幅度次小(0.7);测风塔 smdl 和 jbqy 各季各高度参数 k 值分别在 1.67~2.68 和 2.18~3.01 波动,年内 k 值变化幅度居中(1.0、0.83)。

表 4.9   6座测风塔观测 1 月、4 月、7 月和 10 月各高度威布尔参数(风速单位:m·s⁻¹)

测风塔	1 月			4 月			7 月			10 月		
jbyd	A	k	风速	A	k	风速	A	k	风速	A	k	风速
10 m	6.63	1.77	5.9	6.85	2.18	6.1	5.91	2.98	5.3	5.50	2.15	4.9

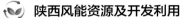

续表

测风塔	1月			4月			7月			10月		
jbyd	A	k	风速	A	k	风速	A	k	风速	A	k	风速
30 m	7.75	1.85	6.9	8.03	2.21	7.1	7.14	2.84	6.3	6.49	2.14	5.8
50 m	7.87	1.87	7.0	8.24	2.21	7.3	7.37	2.78	6.5	6.75	2.08	6.0
70 m	8.30	1.84	7.4	8.56	2.19	7.6	7.71	2.68	6.8	6.94	2.02	6.2
100 m	8.71	1.81	7.8	8.97	2.19	8.0	8.08	2.58	7.2	7.24	1.95	6.4
jbqy	A	k	风速	A	k	风速	A	k	风速	A	k	风速
10 m	5.46	2.38	4.8	7.32	2.67	6.5	5.34	2.38	4.7	5.79	2.18	5.1
30 m	6.00	2.48	5.3	7.83	2.71	7.0	5.83	2.47	5.2	6.66	2.61	5.9
50 m	5.20	1.71	4.6	8.16	2.72	7.3	6.20	2.60	5.5	6.81	2.29	6.0
70 m	6.67	2.39	5.9	8.44	2.71	7.5	6.43	2.50	5.7	7.34	2.57	6.5
80 m	8.43	3.01	7.5	8.50	2.71	7.6	6.40	2.60	5.7	7.44	2.58	6.6
dbxz	A	k	风速	A	k	风速	A	k	风速	A	k	风速
10 m	5.38	2.15	4.8	7.63	2.17	6.8	5.88	2.75	5.2	6.35	2.65	5.7
30 m	5.83	2.21	5.2	8.19	2.14	7.3	6.49	2.72	5.8	6.94	2.63	6.2
50 m	6.15	2.23	5.4	8.58	2.15	7.6	6.75	2.72	6.0	7.38	2.70	6.6
70 m	6.20	2.14	5.5	8.70	2.10	7.7	6.92	2.63	6.1	7.62	2.66	6.8
90 m	6.36	2.12	5.6	8.99	2.10	8.0	7.16	2.60	6.4	7.95	2.64	7.1
hsdq	A	k	风速	A	k	风速	A	k	风速	A	k	风速
10 m	3.87	2.17	3.4	6.31	2.26	5.6	4.56	2.70	4.1	5.01	2.39	4.4
30 m	4.39	2.28	3.9	6.98	2.35	6.2	5.20	2.86	4.6	5.89	2.63	5.2
50 m	4.76	2.32	4.2	7.32	2.37	6.5	5.53	2.87	4.9	6.24	2.58	5.6
70 m	5.09	2.27	4.5	7.76	2.41	6.9	5.83	2.74	5.2	6.77	2.68	6.0
80 m	5.18	2.18	4.6	7.90	2.39	7.0	5.91	2.76	5.3	6.85	2.73	6.2
smdl	A	k	风速	A	k	风速	A	k	风速	A	k	风速
10 m	4.14	1.91	3.7	6.31	2.17	5.6	4.47	1.89	4.0	4.99	2.47	4.4
40 m	5.34	1.95	4.7	7.93	2.25	7.0	5.51	2.01	4.9	6.36	2.67	5.7
60 m	5.81	1.88	5.2	8.60	2.32	7.6	5.95	1.99	5.3	6.91	2.68	6.2
80 m	5.78	1.67	5.2	8.89	2.27	7.9	6.08	1.87	5.4	7.18	2.52	6.4
yyxh	A	k	风速	A	k	风速	A	k	风速	A	k	风速
10 m	2.81	1.70	2.5	5.02	1.95	4.4	3.78	2.12	3.3	3.51	1.53	3.2
30 m	4.11	2.16	3.6	6.20	2.57	5.5	4.78	2.75	4.2	4.98	2.25	4.4
50 m	4.87	2.06	4.3	7.03	2.78	6.2	5.48	2.82	4.9	5.86	2.44	5.2
70 m	5.29	1.94	4.7	7.69	2.82	6.8	6.00	2.78	5.3	6.53	2.54	5.8
80 m	5.34	1.89	4.7	7.88	2.79	7.0	6.18	2.74	5.5	6.73	2.49	6.0

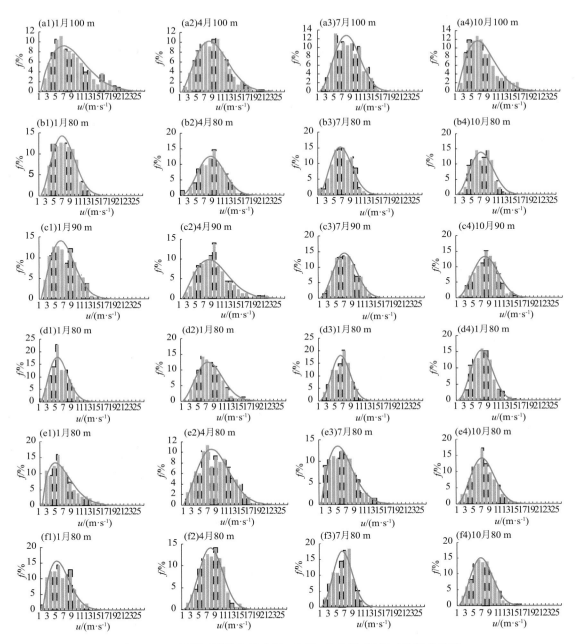

图 4.8 6 座测风塔最高层 1 月、4 月、7 月和 10 月威布尔分布图

(a1—a4)jbyd,(b1—b4)jbqy,(c1—c4)dbxz,(d1—d4)hsdq(e1—e4)smdl,(f1—f4)yyxh

4.2.4.3 威布尔参数日变化特征

表 4.10 和图 4.9 分别是计算的 6 座测风塔观测年白天、夜间各高度威布尔参数及威布尔分布图。

整体来看,各测风塔威布尔参数 A 和风速相关性高,白天和夜间都呈现出较一致的变化趋势,都是夜间大于白天,表明该测风塔夜间的风速大于白天风速。

这 6 座测风塔 k 值均表现出夜间大于白天,表明该区域白天风的变化较剧烈,夜晚风速变化较平缓,阵性较弱。测风塔 jbyd 形状参数 k 值白天、夜间均是最小,测风塔 jbqy 均是白天、夜间最大,说明测风塔 jbyd 白天、夜间风的阵性均是最强的,而测风塔 jbqy 风的阵性是最弱的。其他四座测风塔白天形状参数 k 差别不大,在 1.93～2.11,说明风的阵性中等。

测风塔威布尔参数 A 各高度上白天和夜间的差值平均值在 0.50～1.15,白天和夜间差别最大的是 smdl,其次 jbqy 和 yyxh,差别最小的是 dbxz,其次是 hsdq 和 jbyd。表明测风塔 smdl、jbqy 和 yyxh 白天夜间风速变化较大,夜晚风速较白天风速大;测风塔 dbxz、hsdq 和 jbyd 夜晚风速较白天风速差值较小,尤其是 jbyd 风速日变化较小。

测风塔威布尔参数 k 各高度上白天和夜间的差值的平均值在 0.268～0.518,差别不大,差别最大的是 jbqy,其次是 hsdq,表明这两座测风塔白天、夜间风速阵性变化差异较大,差别最小的是测风塔 smdl,表明该测风塔白天、夜间风速阵性变化差异较小,测风塔 dbxz、yyxh 和 jbyd 差别不大。

表 4.10　6 座测风塔观测年白天、夜间各高度威布尔参数(风速单位: m·s^{-1})

测风塔	白天			夜间			测风塔	白天			夜间		
jbyd	A	k	风速	A	k	风速	jbqy	A	k	风速	A	k	风速
10 m	6.41	1.94	5.69	6.58	2.24	5.83	10 m	6.07	2.16	5.37	6.55	2.60	5.81
30 m	7.26	1.99	6.43	7.88	2.35	6.99	30 m	6.40	2.25	5.67	7.12	2.80	6.34
50 m	7.39	1.95	6.55	8.23	2.35	7.29	50 m	6.25	1.96	5.54	7.28	2.52	6.46
70 m	7.61	1.94	6.75	8.65	2.32	7.67	70 m	6.80	2.23	6.02	7.96	2.80	7.09
100 m	7.88	1.91	6.99	9.14	2.24	8.09	80 m	7.03	2.26	6.23	8.25	2.73	7.34
dbxz	A	k	风速	A	k	风速	hsdq	A	k	风速	A	k	风速
10 m	6.48	2.08	5.74	6.56	2.36	5.81	10 m	5.04	1.94	4.47	5.06	2.28	4.48
30 m	6.97	2.05	6.17	7.25	2.40	6.43	30 m	5.57	2.05	4.93	5.93	2.57	5.27
50 m	7.21	2.08	6.38	7.70	2.46	6.83	50 m	5.75	2.07	5.09	6.44	2.65	5.72
70 m	7.25	2.04	6.37	7.98	2.43	6.92	70 m	5.99	2.08	5.30	6.95	2.65	6.17
90 m	7.40	2.04	6.42	8.32	2.42	7.08	80 m	5.99	2.08	5.30	7.08	2.63	6.29
smdl	A	k	风速	A	k	风速	yyxh	A	k	风速	A	k	风速
10 m	5.05	2.09	4.48	5.41	2.14	4.79	10 m	4.52	1.93	4.01	2.98	1.69	2.66
—							30 m	5.11	2.07	4.52	4.71	2.52	4.18
40 m	6.04	2.07	5.35	7.09	2.40	6.28	50 m	5.48	2.07	4.85	5.89	2.66	5.23
60 m	6.41	2.09	5.68	7.84	2.43	6.95	70 m	5.78	2.11	5.12	6.70	2.65	5.95
80 m	6.43	1.96	5.70	8.21	2.31	7.28	80 m	5.89	2.00	5.21	6.97	2.61	6.19

从图 4.9 上来看,整体上 6 座测风塔在 80 m、90 m 和 100 m 高度上白天与夜间威布尔分布曲线差异较大,白天曲线更接近偏态分布,向低风速段偏,表明白天风速偏小,风速频率高的风速段集中在 4～7 m·s^{-1}。在这个高度上白天 k 的范围为 1.91～2.26,k 值较低,表明测风塔白天小时平均风速变化较大。

夜晚威布尔分布曲线更接近正态分布,夜晚风速偏大,风速频率分布高的风速段主要集

中在 $7 \sim 11$ m·s^{-1}。在这个高度上夜晚 k 的范围为 $2.24 \sim 2.73$，k 值较大，表明测风塔夜间小时平均风速变化较小。

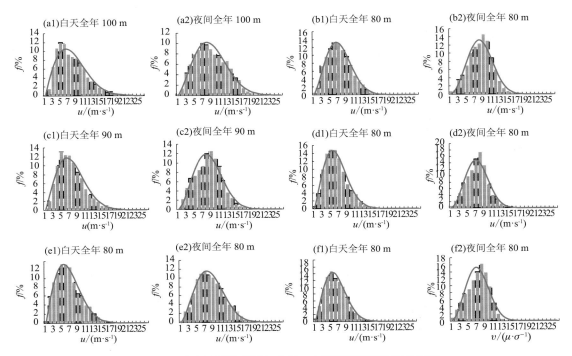

图 4.9 6 座测风塔观测年白天、夜间各高度威布尔分布图

(a1—a2)jbyd,(b1—b2)jbqy,(c1—c2)dbxz,(d1—d2)hsdq,(e1—e2)smdl,(f1—f2)yyxh

4.2.5 威布尔尺度参数和形状参数的垂直变化特征

4.2.5.1 威布尔尺度参数 A 的垂直廓形

由图 4.10 可以看出，在不同的地形下，6 座测风塔威布尔分布中的尺度参数和年平均风速有关，尺度参数 A 与实测风速的变化趋势基本一致，风速越大，A 值也越大。整体看，A 值随着测风高度和风速的升高而增大。测风塔各高度风速越大，参数 A 的值也越大，同高度风速和参数 A 差值也越大；风速越小，参数 A 的值也越小，同高度风速和参数 A 的差值也越小。

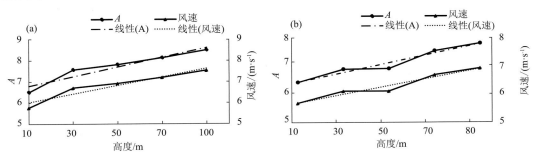

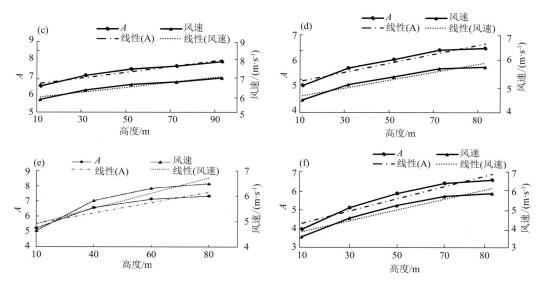

图 4.10   6 座测风塔各高度尺度参数 A 和年平均风速及其线性趋势
(a)jbyd,(b)jbqy,(c)dbxz,(d)hsdq,(e)smdl,(f)yyxh

但是由于这 6 座塔各高度年平均风速差异较大,各塔尺度参数 A 曲线的斜率呈现出不一致特点。分别计算测风塔各高度风速差值的平均值,发现测风塔风速差值大的参数 A 的斜率都大,其中,测风塔 yyxh 各高度风速差值最大,其 A 的斜率也最大,smdl 次之,dbxz 最小,其 A 的斜率也最小。各塔尺度参数 A 的斜率都高于风速的斜率。

4.2.5.2   威布尔形状参数 k 的垂直廓形

(1)年风速的垂直轮廓线

表 4.11 和图 4.11 分别给出 6 座测风塔威布尔分布形状参数 k 垂直轮廓线转折高度和垂直轮廓曲线。从图表中可以看出,6 座测风塔的 k 的垂直轮廓线均在一定高度上出现最大值,垂直轮廓线在 30～70 m 高度的极值差别较大,这个高度就是交叉高度,但是各塔呈现出较大的差异。地表附近的风和交叉高度上的风的日变化差异很大。

测风塔 jbyd 和 jbqy 地形属于山顶、孤山型,这两座测风塔的交叉高度较低,基本位于 30 m 高度。两座测风塔底层和交叉高度层之间的形状参数差值较小,测风塔 jbyd 差值为 0.05,jbqy 差值为 0.12。测风塔受下垫面热动力影响较小,对流边界层强烈的垂直混合作用较弱,影响高度较小,交叉高度以上的风由于缺少下方的摩擦阻力而加速,风速日变化加大。说明该地形对测风塔形状参数垂直轮廓线影响较小。

位于黄土高原塬上和沙漠边缘的较平坦地形下的测风塔 yyxh 和 hsdq 交叉高度最高,为 70 m 高度。白天测风塔受下垫面热动力影响最大,对流边界层强烈的垂直混合作用最强,影响的风速高度最大。这两座测风塔底层和交叉高度层之间的形状参数差值较大,测风塔 yyxh 差值最大,达到 0.64,测风塔 hsdq 差值为 0.23,说明这两座测风塔在交叉高度以下,各层风速日变化差异最大,底层风速日变化最大,在交叉高度上由于地面热动力和表面摩擦力等共同作用,风速日变化最小。说明该地形对测风塔形状参数垂直轮廓线影响较大。

位于山脊、山梁上的测风塔 dbxz 和 smdl 交叉高度较高,基本在 50～60 m 高度,交叉高度处于以上两种地形交叉高度之间,两座测风塔底层和交叉高度层之间的形状参数差值较小,测风塔 dbxz 差值为 0.04,smdl 差值为 0.1,因为在山梁或者山脊上,测风塔受到一定的下垫面和周围地形影响,也说明该地形对测风塔形状参数垂直轮廓线影响次之。

上述分析表明:平缓地形下有较大的垂直风梯度,复杂地形下垂直风梯度比平缓地形上小。

表 4.11 6 座测风塔威布尔分布形状参数 k 垂直轮廓线转折高度

测风塔名称	交叉高度/m	测风塔名称	交叉高度/m	测风塔名称	交叉高度/m
jbyd	30	jbqy	30	dbxz	50
hsdq	70	smdl	60	yyxh	70

地表附近风和交叉高度上的风的日变化差异很大。交叉高度以下,白天平均风速大于夜晚平均风速。交叉高度之上,夜晚的风速更大,夜晚平均风速大于白天平均风速,在交叉高度处,风速的日变化是最小的。

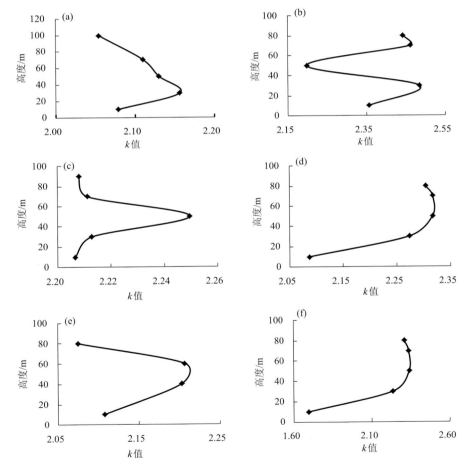

图 4.11 6 座测风塔全年威布尔分布形状参数的垂直轮廓线

(a)jbyd,(b)jbqy,(c)dbxz,(d)hsdq,(e)smdl,(f)yyxh

（2）季节风速的垂直轮廓线

表 4.12 和图 4.12 是 6 座测风塔 1 月、4 月、7 月和 10 月威布尔分布形状参数垂直轮廓线转折高度和形状参数垂直轮廓曲线。从图中可以看出，6 座测风塔的 4 个季节威布尔形状参数的垂直轮廓线大多在一定高度上呈现出最大值，各塔形状参数的垂直轮廓线的交叉高度呈现出较大的差异，交叉高度基本在 30～70 m 高度上。

测风塔 jbyd 在 7 月和 10 月现有的观测高度上未出现转折高度，随着高度的增加，k 是减小的，说明随着高度的增加风速变化的阵性是在增加的。

测风塔 jbqy 四个季节的威布尔形状参数 k 的转折高度基本在 30～50 m，1 月、10 月转折高度较低，为 30 m，4 月和 7 月转折高度较高，为 50 m。

测风塔 dbxz 7 月在现有的观测高度上未出现转折高度，其他 3 个季节的转折高度均为 50 m 高度。

测风塔 hsdq 四个季节的威布尔形状参数 k 的转折高度基本在 30～70 m，1 月、7 月转折高度为 50 m，4 月转折高度最高，为 70 m，10 月转折高度最低为 30 m。

测风塔 smdl 四个季节的威布尔形状参数 k 的转折高度基本在 40～60 m，1 月、7 月转折高度较低为 40 m，4 月和 10 月转折高度较高，为 60 m。

测风塔 yyxh 四个季节的威布尔形状参数 k 的转折高度基本在 30～70 m，4 月、10 月转折高度最高为 70 m，1 月转折高度最低为 30 m，7 月转折高度较低为 50 m。

表 4.12　6 座测风塔 1 月、4 月、7 月和 10 月威布尔形状参数 k 垂直轮廓线转折高度(单位: m)

塔名	1 月	4 月	7 月	10 月	年
jbyd	50	50	—	—	30
jbqy	30	50	50	30	30
dbxz	50	50	—	50	50
hsdq	50	70	50	30	70
smdl	40	60	40	60	60
yyxh	30	70	50	70	70

注：表中—为未出现转折高度。

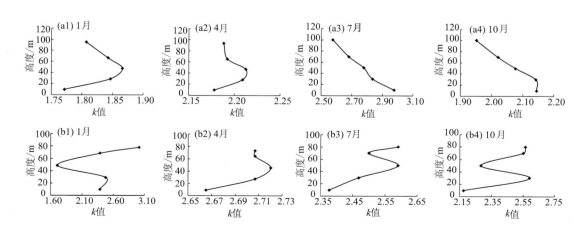

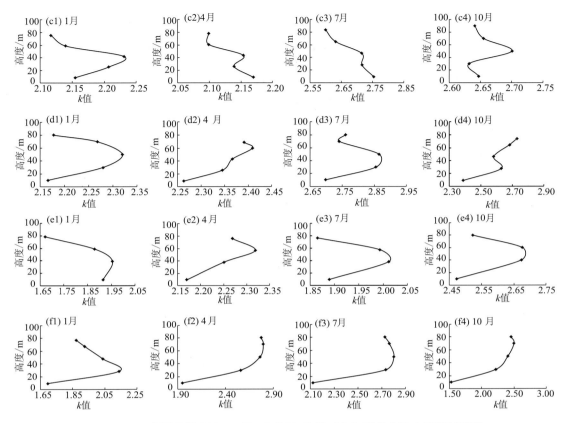

图 4.12　6 座测风塔 1 月、4 月、7 月和 10 月威布尔形状参数 k 垂直轮廓线

(a1—a4)jbyd,(b1—b4)jbqy,(c1—c4)dbxz,(d1—d4)hsdq,(e1—e4)smdl,(f1—f4)yyxh

（3）白天、夜间风速的垂直轮廓线

①年风速白天、夜间形状参数垂直轮廓线

图 4.13 是 6 座测风塔年白天、夜间风速威布尔形状参数的垂直轮廓曲线，表 4.13 是 6 座测风塔年白天、夜间风速威布尔形状参数的垂直轮廓线的转折高度。

从图表可以看出，6 座测风塔年风速白天、夜间威布尔形状参数的垂直轮廓和年的垂直轮廓线基本差异较小。白天，测风塔 hsdq 和 yyxh 的转折高度较高，出现在 70 m 高度，测风塔 jbyd 和 jbqy 转折高度最低，出现在 30 m 高度，测风塔 dbxz 和 smdl 的转折高度居中，分别出现在 50 m 和 60 m 高度上；夜晚，测风塔 hsdq、jbqy 的转折高度最高，均出现在 70 m 高度，测风塔 jbqy 转折高度最低，出现在 30 m 高度，测风塔 jbyd、dbxz、yyxh 和 smdl 转折高度居中，出现在 50～60 m 高度。除了测风塔 jbyd、yyxh 白天和夜间的转折高度不一致外，其他四座测风塔白天、夜间的转折高度是一致的。

其中，测风塔 jdqy 在夜晚出现两个转折高度，一个是 30 m，一个是 70 m，这个形状和年图形很一致，白天在 80 m，高度形状参数 k 出现最大值，但由于测风塔高度仅有 80 m，无法监测到这个转折高度，但至少是≥80 m。说明该塔在白天和夜间存在一个风速变化较小的高度，这个高度为 70 m 或者 80 m 高度，出现的原因估计是下垫面影响，形成了 30 m 的最大值,周围地形的影响形成了 70 m 的最大值。

测风塔 jbyd、jbqy 和 dbxz 白天的风在交叉高度上、下两层内,形状参数 k 基本相等,风速也是基本相等的;夜晚,风在交叉高度上、下两层内,形状参数 k 不再相等,表明这两层风速不再相等。

测风塔 hsdq 和测风塔 yyxh 白天、夜间威布尔形状参数垂直廓线形状基本一致,都呈现出转折高度较高,白天、夜间的风在交叉高度上、下两层内,形状参数 k 不相等,风速也不相等,呈现不对称的形态;在 70 m 高度以下,随着高度的增加 k 是增加的,风速日变化较小,风速日变化最低高度在 70 m 附近。

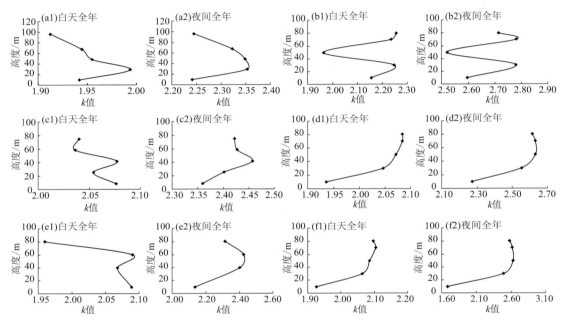

图 4.13 6 座测风塔年白天、夜间威布尔形状参数 k 垂直轮廓线

(a1—a2)jbyd,(b1—b2)jbqy,(c1—c2)dbxz,(d1—d2)hsdq,(e1—e2)smdl,(f1—f2)yyxh

表 4.13 6 座测风塔年风速白天和夜间威布尔形状参数 k 垂直轮廓线转折高度(单位: m)

测风塔名称	白天	夜间	测风塔名称	白天	夜间
jbyd	30	50	jbqy	30	30、70
dbxz	50	50	hsdq	70	70
smdl	60	60	yyxh	70	50

②各季节代表月风速白天夜间形状参数垂直轮廓线

图 4.14 和表 4.14 分别给出 6 座测风塔各季节代表月白天、夜间风速威布尔形状参数的垂直轮廓曲线和垂直轮廓线的转折高度。

从图表可以看出,这 6 座测风塔 1 月、4 月、7 月和 10 月风速白天、夜间威布尔形状参数的垂直轮廓和年的垂直轮廓线差异较大,表现出明显的季节差异,尤其是 4 月、7 月变化较大。整体来看,这6座塔4月白天、夜间形状参数 k 的转折高度最高,1月白天、夜间形状参数 k 的转折高度最低。

测风塔jbyd四季差异最大,在4月白天、7月白天、夜间和10月白天均未观测到转折高度,基本呈现出随着高度的增加 k 是逐渐减小的特征,说明随着高度的增加,风速日变化是逐渐增大的,在100 m高度风速日变化最大。4月白天和夜间的变化趋势是相反的,白天 k 随着高度的增加是逐渐减小的,夜晚 k 随着高度的增加是逐渐增加的,仅在100 m高度有微弱的减少,说明白天风速随着高度的增加风速日变化加大,在高层的日变化最大,夜晚风速随着高度的增加日变化减小,在70 m高度日变化最小,在10 m高度日变化最大。

测风塔jbqy形状参数 k 的垂直廓线是最复杂的,呈现多层结构,表现出和其他塔不一样的特点。除了4月白天以外,形状参数在10 m高度上值较小,在30 m或者50 m数值较大,出现转折高度,在50 m或者70 m数值达到较小,在80 m形状参数 k 又基本达到最大,表明该塔受下垫面、地形和大气环流的影响,表现出低层风速日变化较大,30～50 m风速日变化较小,50～70 m风速日变化较大,80 m高度风速日变化最小。

测风塔dbxz除了4月白天未出现转折高度外,其他各月白天、夜间的转折高度均出现在50 m高度,白天、夜间的转折高度基本一致,呈现出10 m和80 m高度 k 值相对较小,风速日变化较大。

测风塔hsdq除了10月夜晚未出现转折高度外,其他各月白天和夜间的转折高度基本出现在30～70 m高度,4月转折高度最高,10月的转折高度最低。4月白天低层10 m高度形状参数 k 较大,随着高度增加到50 m高度达到最小,70 m高度出现转折高度,80 m高度参数 k 变小。

测风塔smdl除了1月白天未出现转折高度外,其他各月白天和夜间的转折高度基本出现在40～60 m高度,4月和10月转折高度较高,而且白天和夜间的转折高度一致,7月白天转折高度低于夜晚的转折高度。除了4月白天,其他各月白天和夜间形状参数 k 垂直廓线形状比较一致,表现出风日变化特征的一致性。

测风塔yyxh各季白天和夜间的形状参数 k 的垂直廓线均出现转折高度,其转折高度在30～70 m,10月转折高度最高,白天与夜间都是70 m;1月的转折高度最低,均为30 m,白天与夜间的转折高度一致;4月和7月白天和夜晚的转折高度不一致,4月白天转折高度高,7月夜晚转折高度高。整体而言,该塔各月形状参数 k 垂直廓线形状大体一致,呈现出"＞"形态,是这6座塔中威布尔形状参数 k 垂直廓线最简单的塔。

表 4.14　6座测风塔1月、4月、7月和10月白天、夜间威布尔形状参数 k
垂直轮廓转折高度　　　　　　　　　　　　　　单位:m

测风塔名称	1月		4月		7月		10月	
	白天	夜间	白天	夜间	白天	夜间	白天	夜间
jbyd	30	50	—	70	—	—	—	30
jbqy	30	30	50	—	50	50	30	30
dbxz	50	50	—	50	50	50	50	50
hsdq	50	50	70	70	50	50	30	—

续表

测风塔名称	1月		4月		7月		10月	
	白天	夜间	白天	夜间	白天	夜间	白天	夜间
smdl	—	40	60	60	40	60	60	60
yyxh	30	30	70	50	30	70	70	70

注:表中—为未出现转折高度。

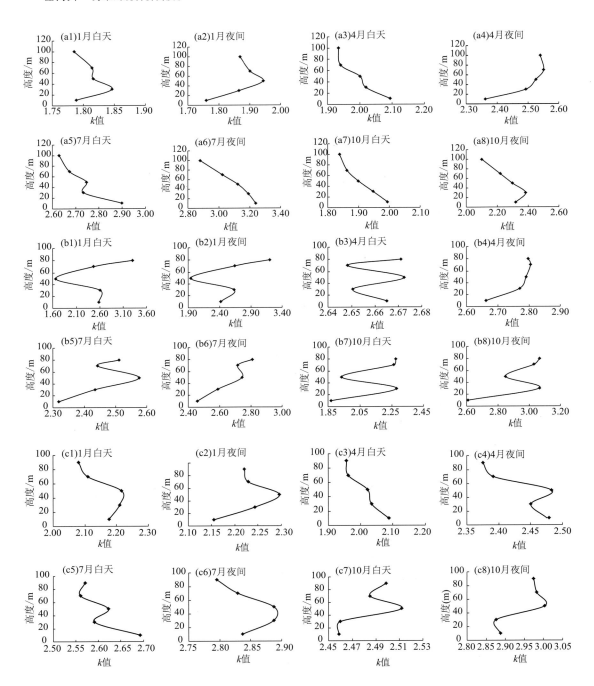

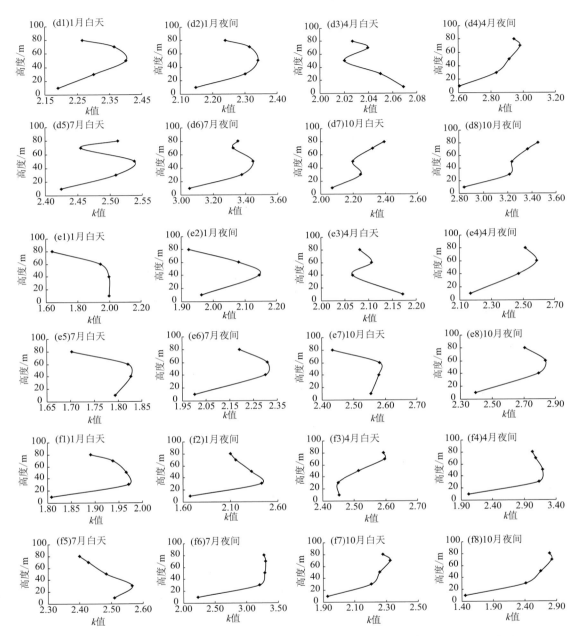

图 4.14 6座测风塔 1 月、4 月、7 月和 10 月白天夜间威布尔形状参数 k 垂直轮廓线

(a1—a8)jbyd,(b1—b8)jbqy,(c1—c8)dbxz,(d1—d8)hsdq,(e1—e8)smdl,(f1—f8)yyxh

4.3 湍流强度特征

湍流指的是短时间(一般少于 10 min)内的风速波动。换言之,湍流指的是最高频谱峰值。湍流产生的原因主要有两个:一个是当气流流动时,由于地形差异(例如,山峰)造成的与地表的摩擦;另一个是由于空气密度差异和气温变化的热效应导致空气气团垂直运动。这两种作用往往相互关联。湍流显然是一个复杂的过程,而且不能用简单明确的方程来表示它。

正是由于这个原因,一般来说,研究湍流的统计特性就显得更有用了。描述湍流的统计特性最常用的是湍流强度 I。其计算公式为:

$$I = \frac{\sigma_v}{V} \tag{4.5}$$

式中:V 为 10 min 平均风速(m·s^{-1});σ_v 为 10 min 内瞬时风速相对平均风速的标准差。

湍流强度表示瞬时风速偏离平均风速的程度,是评价气流稳定程度的指标。湍流强度由地表的粗糙度和高度决定,然而,它也受地貌特征和大气热运动的影响。湍流强度与地理位置、地形、地表粗糙度和天气系统类型等因素有关。湍流强度指标是决定风电机组安全等级或者设计标准的重要参数之一,也是风场风资源评估的重要内容,其评估结果直接影响到风电机组的选型。

4.3.1 区域湍流强度的变化

根据测风塔剔除不合理数据后各高度层的 10 min 风速标准偏差和平均风速,计算的 6 座测风塔观测年各高度全风速区间湍流强度值见表 4.15。结果表明,由于湍流强度主要受地面粗糙度影响,风电场各高度层湍流强度随高度升高逐渐减小。

jbyd 测风塔 100 m、70 m、50 m 和 10 m 高度 0~25 m·s^{-1} 风速区间湍流强度分别为 0.102、0.119、0.117 和 0.148,14.6~15.5 m·s^{-1} 风速区间湍流强度分别为 0.079、0.092、0.103 和 0.120,均为弱湍流强度。jbqy 测风塔 80 m、70 m 和 10 m 高度 0~25 m·s^{-1} 风速区间湍流强度分别为 0.118、0.120 和 0.183,14.6~15.5 m·s^{-1} 风速区间湍流强度分别为 0.105、0.106 和 0.145。dbxz 测风塔 90 m、70 m、50 m 和 10 m 高度 0~25 m·s^{-1} 风速区间湍流强度分别为 0.119、0.124、0.129 和 0.160,14.6~15.5 m·s^{-1} 风速区间湍流强度分别为 0.082、0.086、0.089 和 0.108,均为弱湍流强度。hsdq 测风塔 80 m、70 m、50 m 和 10 m 高度 0~25 m·s^{-1} 风速区间湍流强度分别为 0.134、0.136、0.148 和 0.202,14.6~15.5 m·s^{-1} 风速区间湍流强度分别为 0.128、0.132、0.142 和 0.166。smdl 测风塔 80 m、70 m、50 m 和 10 m 高度 0~25 m·s^{-1} 风速区间湍流强度分别为 0.137、0.134、0.135 和 0.216,14.6~15.5 m·s^{-1} 风速区间湍流强度分别为 0.071、0.081、0.095 和 0.183,均为弱湍流强度。yyxh 测风塔 80 m、70 m、50 m 和 10 m 高度 0~25 m·s^{-1} 风速区间湍流强度分别为 0.136、0.138、1.097 和

0.235,14.6～15.5 m·s^{-1}风速区间湍流强度分别为0.126、0.128、0.144和0.175。

整体来看,测风塔jbyd、jbqy和dbxz全风速段在50 m高度以上湍流强度较低,为弱湍流强度;这几座测风塔海拔高度较高,而且均处于山顶,地表粗糙度较低,因此总体湍流强度较弱,同时这几座测风塔10 m高度上的湍流强度也远远低于其他三座测风塔10 m高度上的湍流强度。

测风塔hsdq、smdl和yyxh全风速段在50 m高度以上湍流强度基本在0.13～0.15,高于上面三座测风塔,主要由于这三座测风塔海拔高度较低,处于塬上、山区和沙漠边缘地,下垫面较粗糙,受大气热运动影响较明显,为中等强度湍流强度。

表4.15　6座测风塔各高度不同风速区间平均湍流强度

测风塔名称	风速区间	100 或 90 m	80 m	70 m	50 或 60 m	30 m	10 m
jbyd	0.0～25.0 m·s^{-1}	0.102		0.119	0.117	0.128	0.148
	14.6～15.5 m·s^{-1}	0.079		0.092	0.103	0.113	0.120
jbqy	0.0～25.0 m·s^{-1}		0.118	0.120		0.145	0.183
	14.6～15.5 m·s^{-1}		0.105	0.106		0.132	0.145
dbxz	0.0～25.0 m·s^{-1}	0.119		0.124	0.129	0.143	0.160
	14.6～15.5 m·s^{-1}	0.082		0.086	0.089	0.097	0.108
hsdq	0.0～25.0 m·s^{-1}		0.134	0.136	0.148	0.165	0.202
	14.6～15.5 m·s^{-1}		0.128	0.132	0.142	0.153	0.166
smdl	0.0～25.0 m·s^{-1}		0.137	0.134	0.135	0.154	0.216
	14.6～15.5 m·s^{-1}		0.071	0.081	0.095	0.127	0.183
yyxh	0.0～25.0 m·s^{-1}		0.136	0.138	1.097	0.175	0.235
	14.6～15.5 m·s^{-1}		0.126	0.128	0.144	0.160	0.175

4.3.2　季节变化特征

6座测风塔1月、4月、7月和10月各高度全风速区间湍流强度值见表4.16。在70 m高度上来看,测风塔jbyd、jbqy和dbxz全风速段平均湍流强度最大出现在4月,jbyd的湍流强度最大为0.235,jbqy湍流强度最小为0.128;测风塔hsdq、smdl和yyxh全风速段平均湍流强度最大出现在7月,分别为0.151、0.143和0.149。70 m高度上除了测风塔smdl和yyxh全风速段平均湍流强度最小出现在10月,其余各塔出现在1月。从30 m高度上来看,除了测风塔jbyd全风速段平均湍流强度最大出现在4月外,其余五座塔全风速段平均湍流强度均最大出现在7月;30 m高度上测风塔jbyd、dbxz、hsdq全风速段平均湍流强度最小出现在1月,jbqy、smdl、yyxh全风速段平均湍流强度最小出现在10月。测风塔jbqy和dbxz各季节湍流强度高层和低层变化比较大,其他四座塔各季节湍流强度高层和低层变化一致。

表 4.16　6 座测风塔 1 月、4 月、7 月和 10 月各高度平均湍流强度

测风塔名称	月份	高度				
		100 m	70 m	50 m	30 m	10 m
jbyd	1 月	0.093	0.094	0.103	0.110	0.129
	4 月	0.116	0.235	0.132	0.179	0.163
	7 月	0.104	0.113	0.119	0.133	0.159
	10 月	0.107	0.113	0.117	0.126	0.149
		80 m	70 m	50 m	30 m	10 m
jbqy	1 月	0.097	0.100	—	0.127	0.168
	4 月	0.124	0.128	0.150	0.152	0.174
	7 月	0.132	0.126	0.128	0.160	0.219
	10 月	0.099	0.103	—	0.124	0.251
		90 m	70 m	50 m	30 m	10 m
dbxz	1 月	0.108	0.110	0.114	0.126	0.144
	4 月	0.129	0.135	0.137	0.149	0.163
	7 月	0.126	0.132	0.139	0.149	0.173
	10 月	0.105	0.112	0.118	0.133	0.146
		80 m	70 m	50 m	30 m	10 m
hsdq	1 月	0.116	0.117	0.128	0.149	0.183
	4 月	0.141	0.141	0.157	0.168	0.197
	7 月	0.151	0.151	0.159	0.176	0.213
	10 月	0.121	0.120	0.140	0.150	0.195
smdl	1 月	0.151	0.138	0.137	0.156	0.233
	4 月	0.135	0.138	0.138	0.154	0.213
	7 月	0.149	0.143	0.148	0.167	0.225
	10 月	0.119	0.115	0.123	0.139	0.197
yyxh	1 月	0.132	0.125	1.074	0.163	0.232
	4 月	0.137	0.138	1.097	0.175	0.223
	7 月	0.147	0.149	1.085	0.186	0.250
	10 月	0.121	0.120	1.075	0.155	0.221

4.3.3　日变化

　　表 4.17 为 6 座测风塔观测年白天、夜晚各高度全风速区间计算的湍流强度。从表中可以看出,测风塔全风速区间白天的湍流强度远远大于夜晚的湍流强度,湍流强度呈现出夜晚小,白天大的特征。白天、夜晚的湍流强度基本呈现出随着高度的增加而减小的趋势。但是测风塔 jbyd 白天 50 m 高度湍流强度小于 70 m 高度湍流强度,测风塔 jbqy 夜晚在 50 m 湍流强度大于 30 m 湍流强度,smdl 白天 50 m 高度湍流强度小于 70 m 和 80 m 高度湍流强度,可见,在复杂地形下湍流强度变化较复杂。

　　6座测风塔白天的70 m高度平均湍流强度在0.160～0.189变化,以测风塔dbxz为最小,测风塔yyxh为最大;30 m高度平均湍流强度在0.164～0.221变化,测风塔jbyd为最小,yyxh为最大。

　　6座测风塔夜晚的70 m高度平均湍流强度在0.074～0.093变化,以测风塔jbyd为最小,测风塔hsdq为最大;30 m高度平均湍流强度在0.091～0.129变化,测风塔jbyd为最小,yyxh为最大。

表4.17　6座测风塔白天、夜间各高度不同风速区间平均湍流强度

塔号		风速区间/(m·s⁻¹)	80/90/100 m	70 m	50 m	30 m	10 m	平均值
jbyd	白天	0.0～25.0	0.137	0.163	0.153	0.164	0.184	0.160
		14.6～15.5	0.089	0.101	0.111	0.118	0.122	
	夜晚	0.0～25.0	0.067	0.074	0.081	0.091	0.110	0.085
		14.6～15.5	0.069	0.081	0.089	0.101	0.111	
jbqy	白天	0.0～25.0	0.162	0.164	—	0.190	0.230	0.187
		14.6～15.5	0.115	0.116	0.124	0.133	0.141	
	夜晚	0.0～25.0	0.074	0.076	0.140	0.101	0.136	0.105
		14.6～15.5	0.097	0.098	0.111	0.131	0.152	
dbxz	白天	0.0～25.0	0.155	0.160	0.164	0.179	0.197	0.171
		14.6～15.5	0.094	0.096	0.097	0.100	0.105	
	夜晚	0.0～25.0	0.083	0.088	0.094	0.106	0.123	0.099
		14.6～15.5	0.070	0.075	0.077	0.079	0.086	
hsdq	白天	0.0～25.0	0.182	0.179	0.191	0.208	0.251	0.202
		14.6～15.5	0.133	0.132	0.143	0.153	0.172	
	夜晚	0.0～25.0	0.091	0.093	0.105	0.121	0.153	0.113
		14.6～15.5	0.130	0.133	0.141	0.153	0.158	
smdl	白天	0.0～25.0	0.189	0.180	0.179	0.198	0.259	0.201
		14.6～15.5	0.119	0.124	0.142	0.142	0.186	
	夜晚	0.0～25.0	0.086	0.087	0.092	0.110	0.174	0.110
		14.6～15.5	0.054	0.064	0.075	0.108	0.160	
yyxh	白天	0.0～25.0	0.186	0.189	0.203	0.221	0.261	0.212
		14.6～15.5	0.128	0.130	0.142	0.157	—	
	夜晚	0.0～25.0	0.083	0.086	0.100	0.129	0.209	0.121
		14.6～15.5	0.124	0.127	0.145	0.163	0.175	

第 5 章
测风塔、风电场选址和参证气象站选取技术

因为风力发电量和风速的三次方成正比,所以风况对风力发电有很大影响,风电场选址的好坏对风力发电出力能否达到预期起着关键作用。因此,建设风电场时,首先进行选址,建立1~3个测风塔,进行至少一年以上的风况观测,并且在这些观测数据的基础上,使用风况预测模型,预测风力发电机组安装位置的风况和年发电量,对风电项目收益进行财务评价,最终确定最佳风电场的位置。本章主要介绍风电场测风塔、风电场选址和参证气象站选取技术。

5.1 风电场选址技术

风电场选址的好坏对风力发电能否达到预期有着关键的作用。风受地理环境和时间因素等多种自然因素的综合影响,特别是大的气候背景及地形和海陆的影响。由于风能在空间分布上是分散的,在时间分布上它也是不稳定和不连续的,也就是说,风速对气候、局地地形非常敏感,风能在空间分布上有很强的地域性,所以风电场场址选择技术尤为重要。

杨振斌等(2003)利用卫星遥感数据及数值模式模拟区域风能分布,应用卫星遥感反演出地形、地貌特征,融合地理信息数字高程数据,在三维地形上进行风场的数值模拟和分析,得到区域风能分布图,可用于风电场宏观选址及区域规划等。李云婷等(2014)通过研究认为,利用NCEP气象数据结合SRTM地形数据进行风资源评估能在一定程度上满足高海拔山区风电场宏观选址的需求。上述研究并未对微观地形进行细致研究,没有分析地形条件对风电场建设可行性的影响。

目前陕西省的风电场选址方法主要是内业地图判读和外业现场调研相结合,内业判读是在GIS软件中通过数字高程模型对待选地点的大致地形进行初步判读,了解其海拔高度、地形起伏度等情况,再通过外业实地调查来进一步考察确定其具体选址地点。但由于内业判读时仅仅是了解大致地形地貌,对其微观地形如坡度变率、坡向变率、地表粗糙度等未进行细致研究,导致外业调查时与内业判读结果会有很大偏差,有时不得不重新选址,已经不能满足风电场选址开发的要求。

因此需要寻找一种适合大面积筛选、可自动化处理的手段来分析地形状况,初步判别建设风电场的可行性(吴培华,2006)。本节主要以陕西省已建成的风电场区域为对象,通过对其数字高程模型进行宏观和微观的数字地形分析,确定满足风电场建设的地形因子条件,结合风能资源数值模拟结果,形成全省风电场建设区域区划图,实现风电场选址工作的自动化和科学化。

5.1.1 风电场选址的技术要求

①风能资源丰富区。反映风能资源丰富与否的主要指标有年平均风速、有效风能功率密度、有效风能利用小时数、容量系数等,这些要素越大,则风能越丰富。

根据我国风能资源的实际情况,风能资源丰富区定义为:风机轮毂高度年平均风速为 6 m·s^{-1} 以上,年平均有效风能功率密度大于 300 W·m^{-2},风速为 3～25 m·s^{-1} 的小时数在 5000 h 以上的地区(张志英 等,2010)。

②容量系数较大地区。风力机容量系数是指,一个地点风机实际能够得到的平均输出功率与风力机额定功率之比。容量系数越大,风力机实际输出功率越大。风电场选在容量系数大于 30% 的地区,有较明显的经济效益。

③风向稳定地区。主导风向频率在 30% 以上的地区可以认为是风向稳定地区。

④风速年变化较小地区。我国属季风气候,冬季风大,夏季风小。

⑤湍流强度小的地区。湍流强度受大气稳定性和地面粗糙度的影响,所以在建风电场时要避开上风方向有起伏和障碍物较大的地区。

5.1.2　基于 GIS 风电场选址方法

风电场选址一般分宏观选址和微观选址两个阶段。

(1)风电场宏观选址是从一个较大的区域,对风能资源、并网条件、交通运输、地质条件、地形地貌、环境影响和社会经济等多方面复杂的因素考察后,选择风能资源丰富,而且最有利用价值的小区域的过程,目的是为风电项目的立项和开展下一步工作提供科学依据。宏观选址多采用地形地貌特征辨别法、风成地貌判别法、植物变形判别法、当地居民调查判别法等,先按可以形成较大风速的天气气候背景和气流具有加速效应的有利地形的地区,再按风资源、地形、电网、经济、技术、环境等特征综合调查。依据风功率密度、风向频率及风能密度的方向分布、风速的日变化和年变化、发电量初步估算以及其他气象因素等宏观选址参数对风电场的风能资源作出初步的综合性评估。

宏观选址的方案是:根据全省风塔观测数据、气象站风观测资料、全省高分辨率风能资源数值模拟资料,研究三种数据的融合技术,编制高分辨率的全省风功率密度分布图和风资源等级范围图;将全省风功率密度分布图、已建成风电场分布图与全省 DEM 进行图层叠加,提取已建成风电场区数字高程模型;根据已建成风电场区域的数字高程模型,在 GIS 软件中从宏观地形和微观地形两方面对其进行数字地形空间分析,归类总结各地形因子的数值分布区间,确定其合理分布阈值。根据分布阈值和风能资源丰富情况,叠置形成满足风电场选址的地形因子条件;根据该条件对全省 DEM 进行网格式搜索,得到满足地形条件的栅格网,与数字行政图叠加,最终确定全省适宜风电场建设的潜在微地形区域,然后设几个点开展观测。

(2)风电场微观选址是在宏观选址中选定的小区域中选择一些具体测风位置,对预选风电场范围内的风资源进行详查,安装一定高度的测风塔,进行风资源监测。根据监测结果确定风力发电机组的布局,即对风电场的布局设计进行优化,使整个风电场具有较好的经济效益。微观选址主要包括:风资源测量位置的选择、风力发电机组选型、风力发电机组布置和风电场发电量估算等。

5.1.3 风电场选址案例分析

5.1.3.1 数据和方法

由于陕西风能资源丰富区域主要集中在陕北榆林地区,选取该区域测风塔9座,将9座测风塔的同期数据资料进行订正处理后,计算得到其70 m高度的平均风速如表5.1(数据时间:2009年1—12月)。同时提取测风塔所在位置的中尺度数值模拟数据结果,并用观测资料数值进行订正,得到订正结果并应用到整个研究区域,如图5.1。分析该图可知,榆林地区定边、靖边和横山的部分地势较高的地区风速最高达到6 m·s^{-1}以上,榆林市、神木和府谷县部分地区为5.1~6.0 m·s^{-1},其他地区小于5 m·s^{-1}。

表 5.1 同期测风塔资料 70 m 风速计算结果

	测风塔编号	名称	纬度	经度	年平均风速/(m · s^{-1})
1	1001	定边县纪畔乡	37.36°N	107.66°E	5.9
2	1002	定边县油房庄乡	37.39°N	107.74°E	6.4
3	1003	定边县贺圈镇	37.52°N	107.72°E	6.2
4	1004	靖边县东坑镇	37.46°N	108.53°E	6.6
5	1005	靖边县宁条梁镇	37.47°N	108.35°E	6.6
6	1006	靖边县龙洲镇	37.52°N	108.93°E	6.4
7	1007	定边县郝滩乡	37.44°N	108.24°E	6.4
8	1008	靖边红墩界	37.97°N	108.89°E	4.6
9	1009	靖边红墩界	37.97°N	108.83°E	5.3

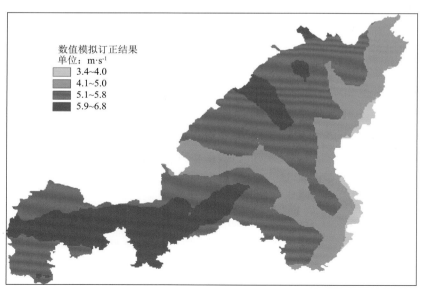

图 5.1 榆林地区年平均 70 m 风速分布图

　　根据榆林地区已建成的测风塔位置坐标和风电场区域范围图等,叠加榆林地区年平均风速分布图、榆林地区数字高程模型数据,提取风能资源丰富的已建成风电场区域数字高程模型。

5.1.3.2　提取地形因子

　　根据已建成风电场区域的数字高程模型,使用 ArcGIS 空间分析功能,从宏观地形和微观地形两方面对其进行数字地形空间分析,其中宏观地形因子包括地表粗糙度、地形起伏度和高程变异系数;微观地形因子分析包括坡度、坡向、剖面曲率、平面曲率、坡度变率、坡向变率等。各地形因子提取过程和结果如下:

　　(1)坡度是指表面的倾斜或者陡峭程度,提取结果在 0~30°,其中 0~15°的坡地占总面积超过 90%。

　　(2)坡向是指坡面的朝向。它表示表面某处最陡的倾斜方向。分布提取结果表明,整个风电场包含不同坡向的坡地。

　　(3)坡度变率(Slope of Slope,SOS):地面坡度在微分空间的变化率,是依据坡度的求算原理,在所提取的坡度值的基础上对地面每一点再求算一次坡度。即坡度之坡度。提取结果在 0~6,其中 0~3 的变率约占总面积的 90%。

　　(4)坡向变率(Slope of Aspect,SOA):是在地表的坡向提取基础上,进行对坡向变化率值的二次提取,即坡向之坡度。坡向变率可以很好地反映等高线的弯曲程度。提取结果在 0~68,但经过分析后发现风电场位置与坡向变率关系不大。

　　(5)地面曲率是对地形表面一定扭曲变化程度的定量化度量因子,地面曲率在垂直和水平两个方向上分别为剖面曲率和平面曲率。剖面曲率是指对地面坡度的沿最大坡降方向地面高程变化率的度量。平面曲率是指在地形表面上,具体到任何一点,指用过该点的水平面沿水平方向切地形表面所得的曲线在该点的曲率值。平面曲率描述的是地表曲面沿水平方向的弯曲、变化情况,也就是该点所在的地面等高线的弯曲程度。实际应用中,由于平面曲率和剖面曲率提取相对简单,并且坡向变率(SOA)和在一定程度上可以很好地表征平面曲率。因此,本项目中不再量化地面曲率值。

　　(6)地形起伏度:是在所指定的分析区域内所有栅格中最大高程与最小高程的差。它是描述一个区域地形特征的宏观性指标,其每个栅格的值是以这个栅格为中心的确定区域的地形起伏度。地形起伏度的计算,可先使用 Spatial Analyst 中的栅格邻域计算工具 Neighborhood Statistics 分别求得最大值和最小值,然后对其求差值即可。由提取结果可见,风电场区域的地形起伏度主要集中在 0~35 m,即地形较为平缓,起伏不明显。

　　(7)地表粗糙度是反映地表的起伏变化和侵蚀程度的宏观指标,一般定义为地球表面积与其投影面积之比。地面粗糙度的提取步骤如下:选择表面分析中的坡度(Slope)工具,提取得到坡度数据层 Slope;点击 Slope 图层,在 Spatial Analyst 下使用栅格计算器 Raster Calculator,公式为 1/Cos([Slope]×3.14159/180),即可得到地表粗糙度数据层。需要注意的是,在 ArcGIS 中,Cos 使用弧度值作为角度单位,而利用表面分析工具提取得到的坡度是角度值,所以在计算时必须把角度转为弧度。由结果可见,风电场区域的地表粗糙度主要集中在 1~1.02,即地表比较均匀,粗糙度小。

(8)高程变异是反映分析区域内地表单元格网各顶点高程变化的指标。一般邻近范围内相同高程点的数量较多的地方主要位于平原或台地的中间,而邻近范围内高程差异较大的地貌单元主要为山地或丘陵,因此可以把邻近范围内高程不同点的数量作为重要参考指标,以此来描述局部地形起伏变化。它以格网单元顶点的高程标准差与平均高程的比值来表示。由结果可见,风电场区域的高程变异系数较小,主要集中在0~0.01,说明相对变化小,地形相对平坦的地方适合建风电场。

5.1.3.3 确定适宜的地形因子条件

总结以上地形因子提取结果,形成满足风电场选址的地形因子条件,分别是:坡度<15°;坡度变率<3;地形起伏度<35°;地表粗糙度为1~1.02;高程变异系数<0.01。最终形成全省风电场选址建设区域划分图(图5.2)。

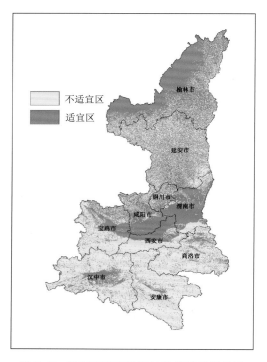

图5.2 陕西省风电场选址建设区域划分图

5.2 风电场测风塔选址

风电场风能资源的测量和评价是建设风电场成败的关键所在。风电场测风塔位置选择属于风电场微观选址的首要环节,就是在宏观选址中选定的小区域中选择一些确切测风的位置,对预选风电场范围内的风能资源进行详查,安装测风塔,进行风能资源测量(图5.3)。

目前针对风电场测风塔选址的研究相对较少。包小庆等(2008)通过对风电场内各种地形下的风速变化机理进行分析,推荐出测风塔在各种地形下的最佳安装位置的选址方法。杨冬雷(2011)介绍了复杂地形风场测风塔位置选择的依据条件,但对测风塔选址的技术流程并没有详细描述。通过对风电场测风塔选址、建设的基本技术路线和技术方法开展系列研究,建立了风电场测风塔选址技术流程,有助于指导相关技术人员开展测风塔选址工作。

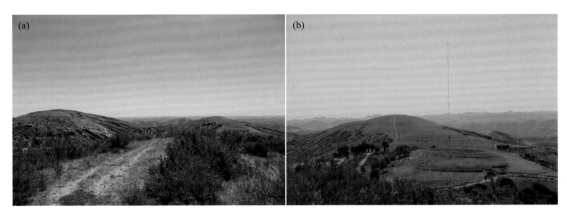

图 5.3　风电场环境(a)及测风塔位置(b)

5.2.1　风电场测风技术要求

风电场测风塔风能资源测量的基本要求如下。

(1)测量位置

①所选测量位置的风况应基本代表该风场的风况。

②测量位置附近应该无高大建筑物、树木等障碍物。与单个障碍物的距离应该大于障碍物高度的 3 倍;与成排障碍物的距离应该保持在障碍物最大高度的 10 倍以上。

③测量位置应该选择在风场主风向的上风向位置。

(2)测量位置数量

测量位置数量依风场地形复杂程度而定:对于地形较为平坦的风场,可选择一处安装测量设备;对于地形较为复杂的风场,应选择两处及以上安装测风设备。

(3)测风塔高度

风场测风塔高度不应低于风机轮毂中心高度;风场多处安装测风塔时,高度可按 10 m 的整数倍选择。至少有一处测风塔的高度不低于风机轮毂中心高度。

(4)测风塔在当地 30 a 一遇的最大风荷载时都不应由于其基础承载力不足造成塔倾斜或倒塌。

5.2.2　测风塔选址流程

开展测风塔现场踏勘初选,确定备选点,结合周围已有测风记录,力求使每个测风塔位置具有本区域风能资源的代表性,考察地形、地貌、土地利用状况、电网、交通等条件,在初选基础上,最终确定测风塔的具体位置,开展测风塔建设,进行实时的风能资源观测与数据采集,并对观测资料质量进行监控和质量控制。

①初步判定项目地风能资源。将拟开发风电项目区域拐点坐标在风能资源数值模拟图上标注,在区域内选取风速较大,且能基本代表该区域平均风速的4～5个点做出标志;在1∶5万GIS地图上,选取海拔较高、主风向上无遮挡、有一定用地面积、地形比较连续、相对平坦的区域,结合数值模拟的风资源分布图,初定3～4个重点的测风点。

②现场踏勘。准备现场踏勘设备和资料,制定踏勘方案,通过现场实地勘察,综合考虑地形特征、环境特征、植被、土地性质、交通以及风资源情况,采取优选方案,确定出2～3个最优的测风塔位置,并给出观测要素、仪器布设、测风高度等建议。企业根据确定的测风塔位置,在风资源最丰富处设立1座风塔进行风资源观测。

③风塔观测一段时间后,对测风数据进行分析,对风资源具备可开发的地区,再选取1～3个测风点进行加密观测。

5.2.3 案例分析

拟选风电场海拔在1120～1450 m,中尺度数值模式计算年风速在4.4～5.5 m·s^{-1},平均风速5.3 m·s^{-1}。其中东部区域测风塔海拔在1360～1440 m,风速在5.0～5.5 m·s^{-1},平均风速是5.38 m·s^{-1}。1♯测风塔海拔1390 m,风速5.4 m·s^{-1},拟选为东部风测风塔的代表性测风塔(图5.4);该风电场西部海拔在1370～1430 m,风速在5.1～5.4 m·s^{-1},平均风速5.3 m·s^{-1},2♯测风塔海拔1420 m,风速5.3 m·s^{-1},拟选为西部风测风塔的代表性测风塔。

现场选址时,可根据地形实际情况进行现场调整。调整时应考虑:临近道路,便于建设和维修;保证测风塔海拔高度为本区域最高处,避开周围建筑物、大树等影响。

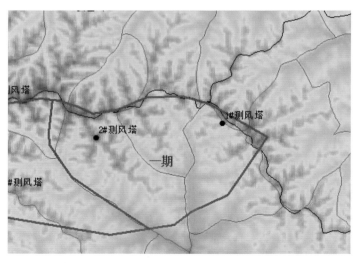

图 5.4　风电场拟选测风塔示意图

5.3 风电场参证气象站选取

一旦一个风场场址被选定,就要进行更详细、更全面的调研,以便确定项目的可行性。风场能量的产出以及由此预计的经济效益,都对场址风速非常敏感。因此,对于所选风电场场址的风况,由于它只是某一年特定期间的数据,所以有必要对该观测期间的风况与长期的平均风况进行比较。为此,需要利用拟建风电场临近气象站等观测的长期气象数据,评估周围区域的年平均风速变化,根据评估观测期间的风速是大风年、平风年还是小风年,更准确地评估其经济性。

5.3.1 参证气象站选取基本原则

由于测风塔观测资料时段较短,根据相关规范要求,需要在测风塔周边区域内选择合适的国家气象站,并利用其历史和同期观测资料在相关性检验基础上,进行序列延长或对比计算分析。选定的国家气象站称为参证气象站,简称参证站。

依据《风电场风能资源评估方法》(GB/T 18710—2002)、《风电场气象观测及资料审核、订正技术规范》(QX/T 74—2007)等规范,参证站选择至少需要满足以下条件:

①气象站的测风环境基本保持长年不变;

②气象站所处的地理位置、地形条件和气候特性等应与被测风塔的代表地区相似;

③气象站具有多年规范的测风记录,历史测风数据年限至少要达到 10 a 以上;

④气象站和测风塔同期观测的风要素相关性较好;

⑤距离风场比较近。

5.3.2 参证气象站选取存在问题

目前,应用较多的是利用测量-关联(参证气象站)-预测技术(MCP)来确定风力资源的长期可用性。应用 MCP 技术仍然存在一些难题(Burtou et al.,2007;Landberg et al,1993):

①场址周围不一定存在合适的气象站(比如 50～100 km 之内),或者是气象站的风速风向与场址不同。

②气象站得到的数据和场址数据之间可能存在差距,关联性不高。

③传统的 MCP 技术假设场址的风向与气象站的风向相同。调查(Addison et al.,2000)表明,这一假设是此技术存在根本性错误的根源。

由于风电场一般都远离城镇,而且越来越多的陆上风力发电机被建在复杂地形上,远离平原地区,气象站探测环境以及周围地形的影响,也存在场址周围选不出合适的参证气象站的情况。遇到这种情况,可采用经过本地风场测风数据订正的中尺度数值多年模拟数据,进行该风场长期资源的评估。

5.3.3 风电场参证气象站选取案例 1

(1)风电场概况及测风塔参证站选取

横山县某风电场建设一座 80 m 测风塔 8001,坐标为 109°18.626′E、37°41.334′N,海拔 1370 m。8001 测风塔附近有靖边、横山气象站可供选择作为参证站,故须进行对比分析加以确定。靖边气象站观测场海拔高度 1336.7 m,与测风塔相距约 34 km;横山气象站观测场海拔高度 1107.5 m,与测风塔相距约 32 km;这两个气象站均地处毛乌素沙漠南缘,属中温带半干旱大陆性季风气候。

(2)测风塔和气象站风速关性对比分析

测风塔 8001 测风时段为 2011 年 5 月 26 日至 2012 年 11 月 8 日,重点分析时段为 2011 年 11 月 1 日至 2012 年 10 月 31 日,选择气象站同期数据作参证站比选分析。表 5.2 分别计算测风塔 8001 各高度与靖边气象站、横山气象站数据的相关系数,可知靖边气象站、横山气象站和测风塔各高度风速相关系数,整体表现为低层相关系数均高于 0.5,相关性较高;高层相关系数接近 0.5,相关性较低。风速相关性对比分析支持选择靖边气象站和横山气象站为参证气象站。

表 5.2 测风塔各层与附近长期气象站相关系数

测风塔编号	气象站	相关系数					样本数/个
		10 m	30 m	50 m	70 m	80 m	
8001	靖边气象站	0.585	0.550	0.514	0.483	0.471	8784
	横山气象站	0.614	0.564	0.513	0.471	0.451	

(3)测风塔和气象站风向对比分析

测风塔 8001 10 m 和 70 m 风向均为实测风向,从表 5.3 和图 5.5 可以看出,靖边气象站 10 m 同期最多风向为 SSW,其次为 W,集中在 SSE—SSW 和 W—WNW 区间,主导风向主要分布在南西南和偏西方向。横山气象站 10 m 同期最多风向为 S,其次为 SSE,集中在 SE—SSW 和 WNW—NNW 区间,主导风向分布在偏南和偏西北方向。测风塔 8001 10 m 同期最多风向为 NW,其次为 SSW,集中在 WNW—NW 区间和 SSW 方向,主导风主要在西西北和南西南方向。测风塔 8001 70 m 同期最多风向为 SSW,其次为 NW,集中在 S—SSW 和 WNW—NW 区间,主导风主要在南西南和西西北方向。整体来看,横山站主导风向和 8001 测风塔相差较小,靖边气象站在偏西而测风塔偏西北。风向对比分析,选择横山气象站为参证气象站。

综合地理因素和风相关对比分析,选择横山气象站为参证气象站。

表 5.3 测风塔 8001 与附近气象站同期风向分布

测点	高度	N	NNE	NE	ENE	E	ESE	SE	SSE	S	SSW	SW	WSW	W	WNW	NW	NNW	c
靖边气象站	10 m	2.5	1.3	2.6	4.3	4.4	3.6	4.7	8.1	10.0	17.4	4.4	4.7	11.1	8.2	5.7	4.1	2.9
横山气象站	10 m	4.9	2.3	2.2	2.0	3.0	4.1	8.7	11.0	13.8	6.7	2.2	1.8	3.8	7.3	8.3	7.8	10.1

测点	高度	N	NNE	NE	ENE	E	ESE	SE	SSE	S	SSW	SW	WSW	W	WNW	NW	NNW	c
8001	10 m	5.5	4.1	3.6	2.3	3.2	3.4	5.4	8.1	8.2	13.4	6.2	3.2	3.8	10.1	14.5	4.5	0.5
8001	70 m	6.0	4.2	3.3	2.9	3.2	3.2	4.3	7.4	10.0	12.7	6.1	3.1	5.5	9.9	10.4	7.7	0.1

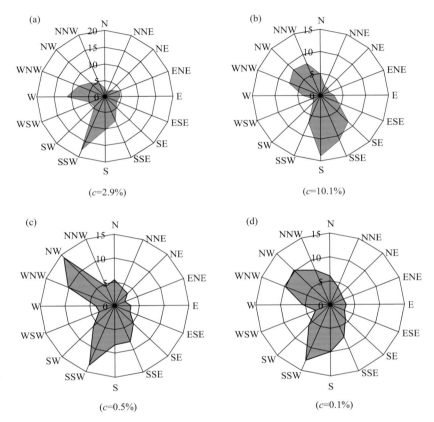

图 5.5　8001 测风塔与附近气象站实测风向频率玫瑰图
(a)靖边站 10 m 高度，(b)神木站 10 m 高度，(c)8001 10 m 高度，(d)8001 70 m 高度

5.3.4　风电场参证气象站选取案例 2

（1）风电场概况及测风塔参证站选取

某风电场位于陕西省宝鸡市陇县,该风电场共建设了 4 座 80 m 高测风塔,编号分别是 6001、6002、6003 和 6004,海拔高度分别为 2251 m、2200 m、2157 m 和 2234 m。四座测风塔地理位置及观测时间各不相同(表 5.4),6001 测风塔观测时间最长,其余三座测风塔均是 2013 年开始观测。为了方便进行几座测风塔间的对比分析,主要分析时段采用 2012 年 10 月至 2013 年 9 月。测风塔附近有陇县、千阳、宝鸡和太白等多个气象站可供选择作为参证站,故须进行对比分析加以确定。

陕西风能资源及开发利用

表 5.4 风电场内测风塔基本情况

测风塔编号	海拔高度/m	测风高度/m	开始观测时间
6001	2251	80,70,60,40,20(风速) 80,40(风向)	2010 年 12 月 13 日
6002	2200	80,70,60,40,20(风速) 80,40(风向)	2013 年 1 月 7 日
6003	2157	80,70,60,40,10(风速) 80,40(风向)	2013 年 5 月 16 日
6004	2234	80,70,60,40,20(风速) 80,40(风向)	2013 年 5 月 16 日

（2）测风塔和气象站的地理环境对比

该风电场位于山区山梁上,地形较为复杂,测风塔海拔高度整体在 2200 m 左右。周围陇县、千阳、宝鸡和太白等多个气象站观测场海拔高度分别为 924.2 m、612.4 m、751.6 m 和 1543.6 m,除了太白气象站,其他气象站海拔较低,海拔高度差大于 1000 m,气象站与风电场测风环境相差比较大。太白气象站观测场海拔高度 1543.6 m,与风场相距约 100 km,站址地处秦岭腹地,测风环境较接近风电场。

表 5.5 分别计算测风塔 6001 各高度与陇县气象站、宝鸡气象站、宝鸡县气象站、千阳气象站和太白气象站数据的相关系数,可知太白气象站与测风塔相关系数在 0.2 以上,其余几个气象站与测风塔相关系数均在 0.1 以下,相关性均较差。计算其他三座测风塔 80 m 高度数据与同期周边气象站数据相关系数(表 5.6),发现与测风塔 6001 情况基本一致。

整体来看,风电场内四座测风塔与太白气象站相关性明显高于其他气象站,相关系数在 0.22 以上,相关性优于其余几个气象站。考虑到太白气象站 2001 年由乡村迁至城镇,年平均风速突然减小,加之城市化进程不断推进,对气象站测风有很大影响,2001 年后太白气象站对本地区风速变化代表性相对较差。风速相关性对比分析,周围气象站均不适合作为测风塔 6001 参证气象站。

表 5.5 测风塔 6001 各层与附近长期气象站相关系数

相关系数	20 m	40 m	60 m	70 m	80 m
陇县气象站	0.073	0.068	0.044	0.032	0.025
千阳气象站	0.017	0.033	0.028	0.274	0.041
宝鸡市气象站	0.006	0.017	0.041	0.056	0.060
宝鸡县气象站	0.020	0.019	0.032	0.039	0.042
太白气象站	0.358	0.318	0.276	0.253	0.248

表 5.6　其他三座测风塔 80 m 与附近长期气象站相关系数

相关系数	6002	6003	6004
陇县气象站	0.043	0.043	0.053
千阳气象站	0.019	0.058	0.053
宝鸡市气象站	0.057	0.028	0.003
宝鸡县气象站	0.034	0.022	0.029
太白气象站	0.321	0.272	0.223

（3）测风塔和气象站风向对比分析

从图 5.6 可见,测风塔 6001 40 m 同期最多风向为 ENE,其次为 WSW,集中在 NNE—ESE 和 S—W 区间,主导风方向显著,主要分布在东北和西南方向。

而同期,陇县气象站 10 m 最多风向为 SE,其次为 NNW,集中在 ESE—SSE 和 W—N 区间,主导风方向显著,主要分布在东南和西北方向。千阳气象站 10 m 最多风向为 NW,其次为 WNW,集中在 E—ESE 和 W—NNW 区间,主导风方向显著,主要分布在东南东和西北方向。宝鸡市气象站 10 m 最多风向为 WNW,其次为 E,集中在 E—SE 和 W—NW 区间,主导风方向显著,主要分布在东南和西北方向。宝鸡县气象站 10 m 最多风向为 WNW,其次为 ESE,主要集中在 E—ESE 和 WNW—NW 区间,即东南和西北方向。太白气象站 10 m 最多风向为 ESE,其次为 E,集中在 ENE—SSE 区间,主导风方向不显著,在东南风向风频相对较大。

整体来看,陇县、千阳、宝鸡市、宝鸡县和太白 5 个气象站与测风塔的风向分布区间相差均较大,相关性均较差。风向一致性对比分析,周围气象站均不适合作为测风塔 6001 参证气象站。

鉴于测风塔附近并无其他相关性较好的气象站可作参考,故综合地理因素和风相关对比分析后,并没有合适的气象站可作为参证气象站。

（4）代表年测风数据订正

按照《风电场风能资源评估方法》(GB/T 18710—2002)中的要求,需根据附近长期站的资料对风电场实测风数据进行订正。根据分析,测风塔与周边气象站不论风速还是风向相关性均比较差,运用国标方法进行代表年订正时,存在较大误差及不确定性。

鉴于当时有 2007 年 10 月—2013 年 9 月的数值模拟资料,故考虑用数值模拟方法来进行代表年资料分析。由于模式本身的局限性,天气系统的复杂性,数值模拟的结果与实测值存在偏差,因而数值模拟的结果需经过订正和误差分析方可使用,报告采用分 24 时次订正的方法进行订正(分 24 时次订正主要考虑消除地形等影响的误差),订正后,得到风电场测风塔 6001 各高度层的 2007 年 10 月—2013 年 9 月逐时平均风资料。

首先计算了数值模拟资料与测风塔 6001 同期 40 m、70 m 和 80 m 高度的相关系数,以确定模拟数据的适用性(表 5.7)。可见,测风塔三个高度与同期逐时模拟数据的相关性均在 0.55 以上,相关系数较高,明显好于其与周边气象站的相关性。

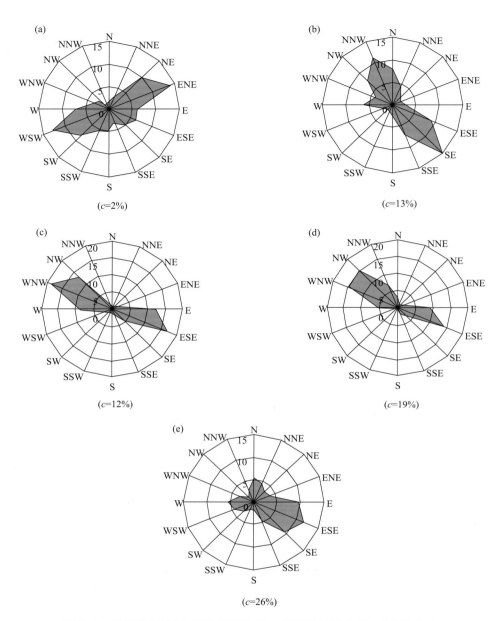

图 5.6　测风塔 6001 与附近气象站 10 m 高度实测风向频率(%)玫瑰图
(a)6001,(b)陇县站,(c)宝鸡县站,(d)千阳站,(e)太白站

表 5.7　测风塔 6001 各层与同期模拟数据相关系数

	40 m	70 m	80 m
相关系数	0.585	0.587	0.590

　　已有 6 年模拟数据(表 5.8),根据测风塔 80 m 高度 2007 年 10 月—2013 年 9 月平均风速(5.73 m·s⁻¹),在 2007 年 10 月—2013 年 9 月中选择与 6 a 平均值较为接近的年份,作为代表年,并以该年数据作为测风塔代表年数据进行详细分析。经分析计算,2008 年 10 月

至 2009 年 9 月 80 m 高度年平均风速（5.75 m·s^{-1}）与 6 a 平均值最为接近,故选用本时段数据作为测风塔代表年数据。

表 5.8　测风塔模拟 80 m 2007—2013 年逐年平均风速

时间	2007 年 10 月—2008 年 9 月	2008 年 10 月—2009 年 9 月	2009 年 10 月—20010 年 9 月	2010 年 10 月—2011 年 9 月	2011 年 10 月—2012 年 9 月	2012 年 10 月—2013 年 9 月	6 a 平均
风速/(m·s^{-1})	5.60	5.75	5.60	5.62	5.44	6.10	5.69

对比 2008 年 10 月至 2009 年 9 月与 2007 年 10 月至 2013 年 9 月 80 m 高度数值模拟逐时风速和风功率密度以及风向频率,确定该时段代表性。

图 5.7 为 2007 年 10 月—2013 年 9 月与代表年逐时平均风速和风功率密度对比,可以看出,2007 年 10 月—2013 年 9 月与代表年逐时风速分布较为一致,数值也较为接近,均是 21 时至次日 9 时风速较大,平均风速在 5.5 m·s^{-1} 以上,其他时间风速较小。整体来说白天风速小,夜间风速大。2007 年 10 月—2013 年 9 月与代表年 80 m 平均风功率密度日变化也基本一致,也是白天较小夜间较大,与风速相比,2007 年 10 月—2013 年 9 月与代表年逐时平均风功率密度在 00 时至 08 时存在一定差异,其他时段差异较小。

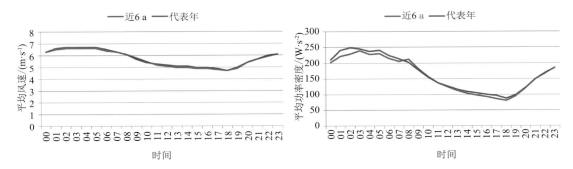

图 5.7　近 6 a 与代表年逐时平均风速和风功率密度

图 5.8 为 2007 年 10 月—2013 年 9 月与代表年数值模拟的 80 m 高度风向频率,可以看出,二者差异较小,主导风向均是 NNE—NE 和 SSW—SW 区间,且风向频率大小也较为接近,仅在 NE 和 SSW 方向上 2007 年 10 月—2013 年 9 月风向频率略大。

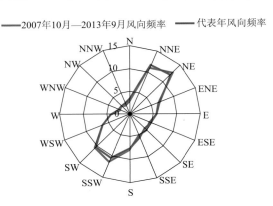

图 5.8　2007 年 10 月—2013 年 9 月与代表年模拟风向频率(%)

综上对比分析,说明 2008 年 10 月至 2009 年 9 月与 2007 年 10 月—2013 年 9 月风速、风功率密度和风向一致性均较高,选取该年作为代表年具有很好的代表性。

另外,从代表年与观测年年平均风速对比来看,观测年 80 m 高度平均风速 6.1 m·s^{-1},代表年为 5.75 m·s^{-1},观测年偏高 7.02%。同时对比了周边几个气象站观测年与近 2007 年 10 月—2013 年 9 月平均风速情况(表 5.9),可以看出,除宝鸡市气象站观测年风速较 2007 年 10 月—2013 年 9 月偏小外,其余气象站均是观测年风速大于近 2007 年 10 月—2013 年 9 月平均风速,与模拟数据相一致,说明观测年与近 2007 年 10 月—2013 年 9 月相比为大风年。

比较气象站 2004—2012 年和 2007 年 10 月—2013 年 9 月平均风速(表 5.9),可以看出,这两个时间段气象站平均风速相差不大,风速变化趋势较为一致,认为用这两段时间做代表年订正结果一致,合理可信。

表 5.9　测风塔附近气象站观测年与常年风速对比

气象站	宝鸡市	宝鸡县	陇县	千阳	太白
观测年/(m·s^{-1})	1.18	1.98	1.47	1.26	1.44
2007 年 10 月—2013 年 9 月/(m·s^{-1})	1.26	1.96	1.39	1.24	1.37
2004—2012 年/(m·s^{-1})	1.30	1.99	1.40	1.23	1.37
2011 年/(m·s^{-1})	1.21	1.90	1.37	1.13	1.37
2012 年/(m·s^{-1})	1.23	1.87	1.44	1.23	1.39
观测年与 2007 年 10 月—2013 年 9 月差值/%	−6.35	1.02	5.76	1.61	5.11

第 6 章
数值模拟在复杂地形下风能资源评估应用

风是大气流动的产物,也是一个气象参数。风力发电机的大型化和风电场的复杂化,使得风力发电机所承受的风况条件更加复杂,对气象学的研究也就变得更加重要。风资源评估与微观选址的理论基础研究,具有十分重要的实用价值(Stefan,2014)。

在中尺度数值模拟技术应用方面,大多数研究主要是针对宏观的区域资源进行模拟和评估。李泽椿等(2007)运用中国气象局的风能资源数值模式系统地对江苏省和青海省的风能资源分布进行了高分辨率的数值模拟,说明数值模拟技术与风能资源测量相结合是风能资源评估的有效技术手段。刘彩红等(2011)利用风能资源数值模拟评估系统(WERAS),对青海高原北部复杂地形条件下的风能资源状况进行了高分辨率的数值模拟试验,为青海高原大范围开展风能资源评估和风电场选址提供参考依据。李强等(2012)利用 MM5 和 CALMET 模式对威海风能分布情况进行数值模拟。潘丽丽(2009)利用中尺度气象模式 WRF,结合测风塔实测资料,对江苏沿海地区风能资源状况进行了高空间分辨率的数值模拟,分析了江苏沿海地区风能资源状况。可以发现,现有的研究大多是通过数值模式对区域宏观风能资源进行模拟计算,对区域风能资源规划和开发有很好的指导作用,但对单个的风电场风能资源评估中数值模拟技术的应用研究较少。本章主要是将中小尺度数值模拟技术应用到风电场风能资源精细化评估中,应用中尺度数值模拟技术,解决宏观区域风能资源的科学计算问题;将中尺度数值模拟数据通过动力降尺度,应用数理统计学方法订正误差,建立风电场风能资源预(中期)评估技术;解决多座测风塔观测时段不一致时或复杂地形风电场没有多塔观测时如何准确评估风电场风能资源的问题。针对风电场多座测风塔观测时段不一致或者复杂地形风电场测风塔较少时,运用中尺度数值模拟技术将多座测风塔数据时段统一,消除因时段不一致造成的风能资源不一致,或者提取风电场不同位置的模拟数据,减少因测风塔较少而造成的风能资源不准确,然后运用基于 CFD 技术的风能资源计算软件精细化模拟风电场的区域风能资源,对风电场风机选型、风机位置布置、风电场开发潜力等提供技术支持。

6.1 复杂地形风电场测风塔代表性研究

6.1.1 风电场测风塔代表性评估技术

陕西风电场多处于浅山沟壑区,地形复杂,风电场测风塔位置选取及对风电场风资源的代表性情况好坏,直接影响整个风电场风资源测量和风电场建设可行性结果。因此,开展风电场测风塔代表性的评估可以指导企业如何在复杂地形下建设测风塔、需要建设几座测风塔、测风塔多高及如何选址等问题,减少测风塔在风能资源评估中由于位置选取、测风塔数量较少等带来风资源评估的不确定性,降低风电场风资源评估误差。

通过应用流体力学软件,提取风电场拟布设所有风机点位的风速和发电量,统计分析出各风机点位风速,从风机机位风速大于、小于测风塔风速的比例、风场风机机位平均风速与测风塔风速比较等几方面指标分析,全面评估风电场内测风塔的代表性。

(1)研究区域概况

某拟建风电场位于陕北黄土高原丘陵沟壑地区,拟建电场周围梁峁起伏,地势西高东低,海拔高度为1300～1500 m,地貌单元为黄土梁、沟畔、峁与沟壑相间分布,梁顶地形较为平坦,地形相对较复杂,地表植被较稀疏。该风电场建设1座80 m的测风塔,海拔高度为1442 m,该测风塔观测年80 m高度年平均风速为5.9 m·s^{-1}。

(2)风电场测风塔代表性评估

该风电场测风塔代表性评估中,在拟建区域风能资源较好地方布设33台风机,计算提取各风机轮毂80 m高度年平均风速、年理论发电量及风机位海拔高度(表6.1),以分析该测风塔对风电场区域风资源的代表性情况。

该风电场测风塔80 m高度年平均风速为5.9 m·s^{-1},而33台风机位80 m高度年平均风速为6.08 m·s^{-1},其中年平均风速≥5.9 m·s^{-1}的风机位有22个,占全部风机位的66.7%,年平均风速>6.0 m·s^{-1}以上风机位有18个,占全部风机位的54.5%,年平均风速>6.2 m·s^{-1}风机位达到11个,占全部风机位的33.3%;年平均风速<5.9 m·s^{-1}的风机位有11个,占全部风机的33.3%。

从优选的风机位置的平均风速与测风塔风速比较来看,测风塔80 m高度观测年风速略小于风电场各风机平均风速,大概偏小3%,较占风电场三分之一的年平均风速>6.2 m·s^{-1}的风机位大概偏小4.8%;从66.7%的风机位年平均风速大于测风塔年平均风速看,测风塔仅能代表风电场风能资源平均偏低水平,表明该测风塔对本拟建风电场区域代表性较差,低于风电场风能资源平均状况。由于该风电场地形的复杂性,仅建设一座测风塔不能准确、全面地描述该风电场风能资源的分布特征,因此,针对这类风电场应该根据地形走势,建议东西区域各建设一座测风塔,兼顾到不同区域的风能资源状况,以便后期风机选址排布。

表6.1 风电场各风机位80 m高度年平均风速和理论发电量

风机编号	海拔高度/m	80 m风速/(m·s^{-1})	80 m理论发电量/(kW·h)	风机编号	海拔高度/m	80 m风速/(m·s^{-1})	80 m理论发电量/(kW·h)
1	1403.4	6.01	431.85	18	1514.3	6.82	535.59
2	1434.9	6.17	453.59	19	1444.8	6.20	442.57
3	1441.2	5.95	419.60	20	1443.1	5.77	387.51
4	1449.5	5.93	419.22	21	1454.4	5.88	398.41
5	1437.0	5.77	395.09	22	1407.2	5.87	412.12
6	1464.6	6.08	442.47	23	1404.4	5.63	373.06
7	1475.3	6.37	483.49	24	1390.0	5.54	360.26
8	1441.2	6.15	453.49	25	1501.9	6.53	503.23
9	1457.9	6.88	557.41	26	1396.8	5.76	397.19
10	1389.6	6.11	450.14	27	1424.0	5.98	424.75
11	1404.8	6.21	452.51	28	1405.8	6.05	436.30
12	1427.3	6.20	450.60	29	1461.0	5.87	398.63

风机编号	海拔高度/m	80 m 风速/ $(m \cdot s^{-1})$	80 m 理论发电量/(kW · h)	风机编号	海拔高度/m	80 m 风速/ $(m \cdot s^{-1})$	80 m 理论发电量/(kW · h)
13	1421.3	5.67	377.16	30	1468.9	6.13	444.75
14	1425.9	5.92	412.82	31	1445.0	5.85	407.40
15	1440.5	5.78	383.66	32	1400.4	6.33	483.96
16	1487.0	6.46	492.74	33	1453.1	6.26	471.53
17	1503.8	6.56	507.23	平均	1440.0	6.08	438.19

6.1.2 测风塔代表性对风能资源评估影响

在进行大型风能资源开发时,首先要进行风资源评估、风电场选址等前期工作(周荣卫等,2010)。一般情况下首先是风电场的宏观选址(于力强 等,2009)。另一个影响风电场运行情况的是测风塔选址,这决定了测风数据对整个风电场的代表性(包小庆 等,2008)。风电场测风塔的代表性,直接关系到风电场的出力与经济可行性(吴培华,2006)。一般来说,平坦地形 $50 \sim 100$ km² 范围内考虑在场中央安装一座测风塔即可(赵伟然 等,2010)。对于复杂地形,则应根据风电场内地形走势,盛行风向等选择合适的位置布设适当数量的测风塔进行观测(冯双磊 等,2009)。但就目前来说,出于节省成本或对风资源的局地分布及变化情况认识不够,大部分情况下一个风电场仅建设一座测风塔进行风资源监测和评估,这对地形较为复杂地区的风电场而言,很可能并不能完全代表整个风电场区域的风资源分布;或者即使布设多座测风塔,但测风塔位置选择时缺乏对不同地形的代表性,也不能完全代表风电场的风资源情况,这样在进行风资源评估时便会出现一定的偏差,对风电场后期的建设工作带来负面影响(洪祖兰,2007)。以往的经验教训表明,由于风电场选址的失误造成发电量损失和增加维修费用远远大于对风电场场址进行详细调查的费用(胡卫红 等,2007),因此,风电场选址和测风塔选址对于风电场的建设是至关重要的。

同时,针对复杂地形条件风电场风能资源多塔综合评估研究也较少,迟继峰(2012)提出了多测风塔综合地貌及风切变拟合修正的风资源评估方法,运用多个测风塔地形地貌数据及风切变数据对拟建风机点的风切变进行模拟计算,再通过风速随风切变变化规律计算风机轮毂高度处风资源分布。并未涉及多测风塔观测时段不一致的解决办法和复杂地形风电场没有多塔观测时如何准确评估风电场的风能资源。本节主要针对风电场风资源评估实际情况中,多座测风塔观测时段不一致或者没有及时加密多座测风塔观测时,运用中尺度数值模拟技术将多座测风塔数据时段统一,消除因时段不一致造成的风能资源不一致,或者提取风电场不同位置的模拟数据,减少因测风塔较少而造成的风能资源不准确,然后运用基于CFD技术的风能资源计算软件模拟风电场的区域风能资源,定量评估测风塔代表性对风电场风能资源评估的影响情况,以期对风电场测风塔选址、测风塔布置数量、风机位置布置和风电场开发潜力等提供相关的技术支持。

那么,在复杂地形区域,一个风电场内在不同位置布设一座测风塔或多座测风塔,哪种情况下能够得到较为准确的风电场风资源空间分布结果,估算的年发电量误差最小。在某拟建风电场中选取 3 座测风塔资料,通过不同的测风塔输入方法,利用基于 CFD 技术 Windsim 软件模拟分析了该复杂地形风电场风能资源分布,估算风电场年发电量,分析在复杂地形风电场运用不同数量不同位置测风塔进行风资源评估时的代表性和准确性。

结果表明,复杂地形风电场测风塔数量较少时,风资源评估结果的不确定性显著增加,而在考虑地形因素的情况下,测风塔数量的增多使得模拟的风电场内风资源分布情况较为准确,相对来说得到的发电量结果更为准确。因此,在地形较为复杂的风电场,应根据地形条件布设适当数量测风塔,以得到风电场内较为精准的风资源分布,减少因测风塔位置选择而造成的风资源评估的不确定性。

Windsim 是一款基于计算流体力学(CFD)的风电场计算分析和评估软件,它主要用于优化风电场发电量,同时把风机的负荷保持在允许的范围内。由于该软件具有复杂地形下精度高、求解速度快、模型丰富等先进的特点,因而在世界范围内得到了广泛的应用。采用合理的 CFD 分析模型和测风数据,Windsim 能实现风资源自动分析、发电量、尾流效应、噪声计算、IEC 规范下的风机选型、布局优化等一系列功能,实现风电场的发电量最大,而风机载荷最小。

6.1.2.1　数值模拟试验

（1）研究区域概况

模拟风电场位于陕西榆林靖边县境内,风电场所在区域为黄土高原北部的黄土低岗斜坡,场址内场地开阔,海拔在 1400～1700 m。风电场内布设了三座测风塔,三座测风塔编号分别为 A、B 和 C,海拔高度分别为 1496 m、1636 m 和 1731 m,三座测风塔海拔高度最大相差 235 m。

测风塔数据分析时段均为 2011 年 1 月 1 日至 2011 年 12 月 31 日。风电场研究区域及测风塔地理位置见图 6.1,图中 A、B、C 为测风塔,三塔沿西北—东南一字排开,其中 B 塔和其他两塔距离较近,与 A 塔和 C 塔的距离分别为 4.2 km 和 5.0 km,A、C 两塔距离相对较远,为 9.2 km。

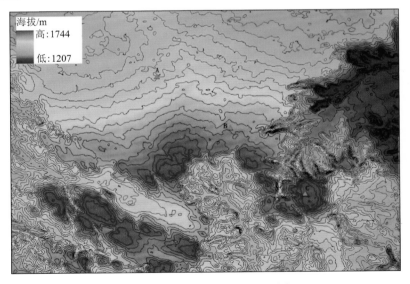

图 6.1　风电场区域高程及测风塔(▲)位置

（2）数值模拟试验方案设计

根据输入软件的观测资料的不同，分以下三种方案进行模拟：①一次输入三座测风塔资料对区域内风资源分布进行模拟；②每次分别输入两座不同测风塔资料对区域内风资源分布进行模拟；③每次分别输入一座测风塔70 m高度资料对区域内风资源分布进行模拟。对比不同模拟方案下风电场区域内的风资源分布差异及风电场发电量差异。

利用 WindSim 软件根据地形资料和地表粗糙度资料的水平分辨率以及模拟的区域大小和设置的网格点数计算得到评估区域的水平分辨率为 279 m×279 m，水平格点数为 99×74，面积约为 21.85 km×20.57 km。垂直方向从地表到 100 m 高度共分为 5 层。在计算过程中，WindSim 软件可以根据使用者的具体要求输出任意高度处的风况。

6.1.2.2 试验结果分析

（1）输入 3 座测风塔模拟风资源分布

图 6.2 为应用三座测风塔 70 m 高度资料模拟得到的整个风电场区域 70 m 和 80 m 高度上的年平均风速空间分布图。从图中可以看出，风速随着海拔高度的增加逐渐增大，结合该风电场区域的地形图（图 6.1）发现，模拟区域的平均风速分布基本上反映出该区域的地形特点，海拔高度变化平缓的区域风速梯度变化小，海拔高度差异大的区域风速梯度变化大。

风电场区域内 70 m 高度年平均风速为 5.67 m·s^{-1}，总的来说北部大部分区域平均风速较小，中部海拔较高的零散地区年平均风速达到 6.5 m·s^{-1} 以上，随着海拔降低，年平均风速逐渐减小，最小在 4.5 m·s^{-1} 以下。80 m 高度区域年平均风速为 5.83 m·s^{-1}，和 70 m 相比而言，除北部 A 塔附近偏东部风速较小的区域大规模减少之外，其余地区风速分布与 70 m 基本一致，只是风速较大的区域增多，风速小的区域减少，说明随着高度增加，平均风速的区域分布趋势基本一致，没有显著变化。

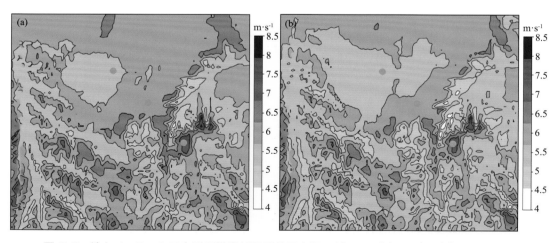

图 6.2　输入 A、B、C 三座测风塔资料得到的风电场区域 70 m(a)和 80 m(b)风资源分布

（2）输入 2 座测风塔资料模拟风资源分布

图 6.3—图 6.5 为分别输入两座测风塔资料后,模拟得到整个风电场区域 70 m 以及 80 m 高度上的年平均风速分布图。三幅图对比来看,输入 B 塔和 C 塔资料模拟得到的区域平均风速 70 m 和 80 m 分别为 5.83 m·s^{-1} 和 5.98 m·s^{-1},明显大于分别输入 A、B 塔和 A、C 两塔的风速,70 m 和 80 m 区域年平均风速分别为 5.60 m·s^{-1}、5.76 m·s^{-1}（输入 A、B 塔）和 5.60 m·s^{-1}、5.75 m·s^{-1}（输入 A、C 塔）。风速的差异在北部地区尤其显著,输入资料加入 A 塔资料后,北部区域 70 m 高度风速基本在 5.5 m·s^{-1} 左右,而用 B 塔和 C 塔资料模拟的结果北部区域风速基本在 6 m·s^{-1} 以上。另外在偏东部区域,输入 A 塔资料后,风速在 5 m·s^{-1} 左右的区域也较输入 B 塔和 C 塔资料得到的 5 m·s^{-1} 左右风速的区域偏小,而在偏南部地区三种不同输入方法模拟得到的平均风速空间分布差异较小。

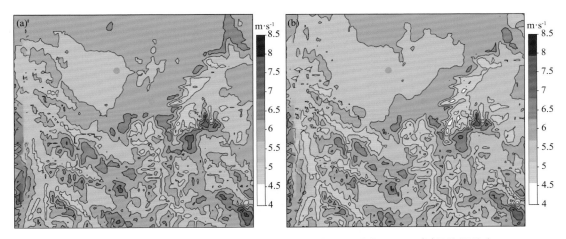

图 6.3　输入 A 塔和 B 塔资料得到的风电场区域 70 m(a)和 80 m(b)风资源分布

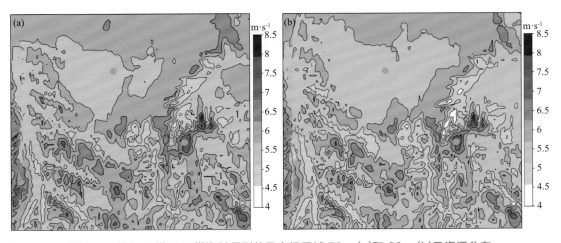

图 6.4　输入 A 塔和 C 塔资料得到的风电场区域 70 m(a)和 80 m(b)风资源分布

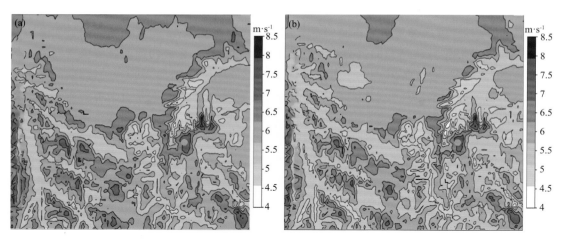

图 6.5　输入 B 塔和 C 塔资料得到的风电场区域 70 m(a)和 80 m(b)风资源分布

（3）输入 1 座测风塔模拟风资源分布

图 6.6—图 6.8 为分别输入一座测风塔资料后，模拟得到整个风电场区域 70 m 以及 80 m 高度上的年平均风速分布图。

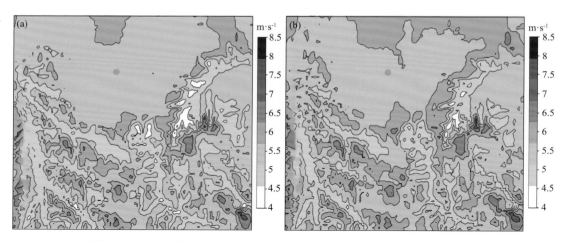

图 6.6　输入 A 塔资料得到的风电场区域 70 m(a)和 80 m(b)风资源分布

对比输入不同测风塔资料的模拟结果，就风资源的分布趋势来说，三者是基本一致的，均是北部区域风速较小但区域地形平缓，风速分布差异较小，南部区域风速分布较为零散，基本是海拔高的地方风速大，海拔低的地方风速相对较小。但从风速值来看，用 A 塔资料模拟的区域内风速明显小于用其他两塔资料模拟的结果。用 A 塔模拟的区域 70 m 高度年平均风速为 5.38 m·s^{-1}，80 m 高度风速为 5.53 m·s^{-1}。而用 B 塔和 C 塔模拟的区域 70 m 高度平均风速分别为 5.82 m·s^{-1} 和 5.86 m·s^{-1}，80 m 高度分别为 5.97 m·s^{-1} 和 6.02 m·s^{-1}。

6.1.2.3　不同试验方案风电场风资源对比

一般情况下，在地形较为复杂的地区，风电场内应因实际情况布设适当数量的测风塔，以得到风电场区域较为准确的风资源分布情况，进行准确的风资源评估，为风电场建设提供

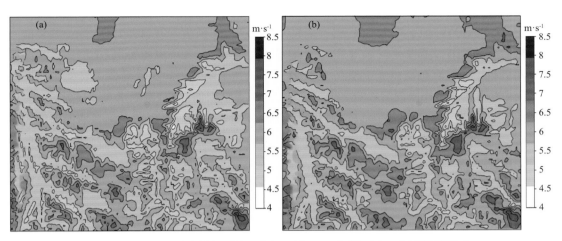

图 6.7　输入 B 塔资料得到的风电场区域 70 m(a)和 80 m(b)风资源分布

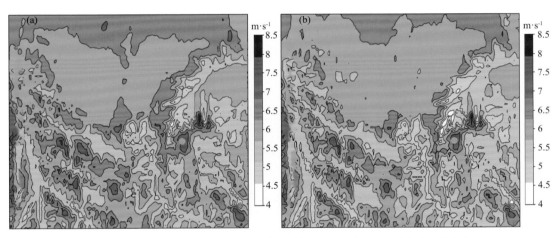

图 6.8　输入 C 塔资料得到的风电场区域 70 m(a)和 80 m(b)风资源分布

科学依据。因此,首先输入不同位置的三座测风塔资料进行风电场区域的风资源模拟,得到相对准确的风资源空间分布结果,对比其与分别输入两座测风塔和一座测风塔资料得到的风资源分布异同,分析在此风电场是否可用较少的测风塔资料来得到相对准确的风资源分布情况。

(1)风资源对比

对比 6.1.2.2 节三幅风资源分布图可发现,运用两座不同测风塔资料,模拟结果的差异主要出现在北部区域,输入资料加入 A 塔后,北部风速较小的区域面积明显增大,而只输入 B 塔和 C 塔资料时,模拟的北部区域风速则较大,没有出现风速小于 5 m·s^{-1} 的区域。同时输入三塔资料,也模拟出了北部区域风速较小的情况,因此同 6.1.2.2 节输入三塔资料的模拟结果相比,输入 A 塔和 B 塔资料或输入 A 塔和 C 塔后,得到的风资源分布与同时输入三塔资料的结果更为接近,模拟的区域 70 m 高度平均风速误差约为 1.2%,而用 B 塔和 C 塔模拟得到的区域 70 m 高度平均风速误差则为 2.7%。

若只用一座测风塔资料,对比利用不同测风塔资料模拟得到的结果来看,输入 A 塔资料后,整个风电场区域的平均风速明显偏小,大部分区域风速均在 5.5 m·s^{-1} 以下;输入 B 塔和 C 塔资料后,模拟的区域平均风速明显增大,但输入 B 塔资料后模拟出了北部地区的较小风速,输入 C 塔资料则对这一区域的偏低风速没有模拟出来,北部区域风速基本在 6.0 m·s^{-1} 左右。对比同时输入三座测风塔资料的模拟结果可发现,用 B 塔资料后模拟的风电场区域的年平均风速空间分布和同时输入三塔资料的结果较为接近,区域 70 m 高度风速相对误差约为 2.5%,而用 A 塔模拟得到的区域 70 m 高度风速相对误差最大,约为 3.3%。

假设,在该区域规划建设一座 10 MW 的风电场,根据上节三座测风塔模拟的风资源分布结果进行风机的布设,并计算运用不同风塔资料得到风机风速和发电量的差异,以此更详尽地判断怎样布设测风塔可以较为准确地模拟出风电场的风资源情况。图 6.9 为风电场各风机位置,图中三角形为风机,圆形为测风塔。风机主要布设在区域中部海拔较高的位置,这些地方风资源也相对较好,北部靠近 A 测风塔的区域风资源相对较差,故未在此区域布设风机。

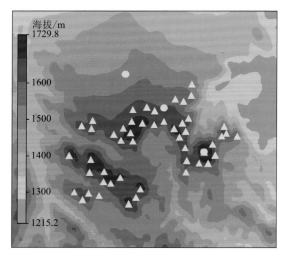

图 6.9　某风电场风机位置图

表 6.2 为运用不同测风塔资料模拟得到的风电场风机位置的平均风速,并计算分别运用两座测风塔和一座测风塔得到的风场 50 台风机平均风速和同时运用三座塔资料结果的误差。从表中可以看出,输入三座测风塔资料进行模拟时,各风机平均风速为 6.35 m·s^{-1},而分别输入一座塔资料进行模拟,各风机的年平均风速分别为 5.98 m·s^{-1},6.45 m·s^{-1} 和 6.51 m·s^{-1},用 A 塔资料得到的风机风速最小,而用 C 塔则最大,相对误差分别达到 -5.92% 和 2.42%,用 B 塔资料模拟的风速误差最小,为 1.48%,说明当只输入一座测风塔资料进行风电场风速模拟时,B 塔最具有代表性,相对来说最能反映该风电场的风资源情况。同时运用两座塔资料进行风速模拟时,用 A 塔和 B 塔或 A 塔和 C 塔资料,得到的各风机年平均风速基本相同,相对误差在 -1.36%～-1.10%,而用 B 塔和 C 塔资料后模拟的风

速则偏大,相对误差为 1.87%。说明当只用两座测风塔资料进行风电场风速模拟时,用 A 塔和 B 塔或 A 塔和 C 塔资料较能代表风电场的风资源情况。

表 6.2　某风电场风机位年平均风速及误差分析

输入资料	三座塔	A 塔	B 塔	C 塔	A 塔和 B 塔	A 塔和 C 塔	B 塔和 C 塔
平均风速/(m·s⁻¹)	6.35	5.98	6.45	6.51	6.27	6.28	6.47
绝对误差/(m·s⁻¹)	—	−0.38	0.09	0.15	−0.09	−0.07	0.12
相对误差/%	—	−5.92	1.48	2.42	−1.36	−1.10	1.87

　　由此可见,不论是风电场区域年平均风速还是风机位年平均风速,整体来说均是用两座测风塔资料模拟的结果风速差异较小,误差也较小,而用一座测风塔进行模拟时,模拟结果的不确定性明显增大,运用不同风塔资料得到的平均风速之间的差异较大,同用三座塔模拟的结果相比,误差也较大。

　　(2)风电场发电量对比

　　表 6.3 为不同输入方法模拟得到的风电场的年发电量,并计算分别输入两座测风塔和一座测风塔得到的风场 50 台风机平均风速和同时输入三座塔资料结果的误差。从表中可以看出,输入三座测风塔资料进行模拟时,风电场年发电量为 25348.76 万 kW·h,而分别输入一座塔资料进行模拟,风电场年发电量分别为 22314.42 kW·h、25532.10 kW·h 和 17177.59 kW·h,输入 A 塔得到的发电量误差最大,为 −11.97%,输入 B 塔资料后估算的发电量误差最小,为 1.48%。可见,当只输入一座测风塔资料进行风电场发电量估算时,运用不同测风塔资料得到的发电量差异较大,结果具有不确定性,因此在复杂地形地区,风电场内进行测风塔选址需要对风电场内地形地貌等条件进行综合分析评价,确定较能代表整个风电场风能资源的位置进行测风塔建设。同时输入两座塔资料进行发电量时,用 A 塔和 C 塔资料估算得到的年发电量误差最小,相对误差为 −0.72%,而输入 A 塔和 B 塔或 B 塔和 C 塔资料后估算的发电量误差则较大,相对误差分别为 −4.2% 和 3.67%。

表 6.3　风电场年发电量估算结果及误差分析

输入资料	三座塔平均	A 塔	B 塔	C 塔	A 塔和 B 塔	A 塔和 C 塔	B 塔和 C 塔
年发电量/(万 kW·h)	25348.76	22314.42	25532.10	27177.59	24284.03	25165.18	26280.15
绝对误差/(万 kW·h)	—	−3034.34	183.34	1828.83	−1064.73	−183.58	931.39
相对误差/%	—	−11.97	0.72	7.21	−4.20	−0.72	3.67

　　(3)原因分析

　　在此风电场区域内,大气结构,地貌特征等都基本一致,所以地形特征就决定了不同区域的风资源特性。从风机位和测风塔位置来看,若区域内只布设一座测风塔,A 塔在所布风机位北部,海拔最低,基本低于各风机位置的海拔,若仅用 A 塔资料,很明显不能代表区域内各风机位的风资源情况。而 C 塔所在位置基本属于区域内的制高点,大部分风机位海拔均

陕西风能资源及开发利用

低于 C 塔位置,因此用 C 塔模拟各风机位风资源会出现高估的情况。而 B 塔基本处于区域中部,海拔介于 A 塔和 C 塔之间,大部分风机位置均在 B 塔附近,且海拔相差不大,故 B 塔较能代表区域内各风机位的风资源情况。若区域内布设两座测风塔,因 B 塔和 C 塔相对来说处在海拔较高的部位,用这两座塔资料进行区域风资源模拟时,势必会高估海拔较低风机位的风资源;而用 A 塔和 B 塔或 A 塔和 C 塔资料进行模拟时,因考虑了北部较低海拔区,这样模拟出的区域风资源也较为准确。

另外,Windsim 软件进行测风数据模拟时,主要是采用合理的 CFD 分析模型和测风数据,通过求解风场边界条件下的流体力学微分方程,获得微观风场内的基本流动细节,从而模拟评估区域内的风场情形。由于软件计算过程中采用的数值模仿模型的局限性,软件模拟风能资源的空间分布主要以海拔高度为基础,不能很好地反映出局地地形对风场的影响,研究发现,运用该软件进行风资源模拟时,模拟点的风速与实际观测值相比,相对误差在 3%~6%。可见,用一座测风塔数据进行模拟时,因区域地形条件复杂,测风塔与区域内其他地区高差越大,模拟结果的准确性就越差;而随着测风塔数量增多,不同位置的测风塔基本代表了该地区的地形特征,模拟结果准确性相对增大。

同时,通过输入两座测风塔资料和只输入一座测风塔资料估算的风电场发电量对比,发现整体来说输入两座测风塔资料估算得到的发电量误差较只输入一座测风塔误差小,说明在复杂地形地区的风电场内,布设多座测风塔时能相对较好地模拟出风电场的风资源,估算的发电量也较为准确。

(4)测风塔选址技术分析

风速大小、风向变化受风场地形、地貌等特征的影响。测风塔选址时,主要是考虑测风塔位置与将来风机位置的地形特征、地表植被的相似,即测风塔与风机位应在气候条件、地形、高程和地表粗糙度等方面尽可能相似。应根据有关标准在场址中立塔测量风速,根据地形的复杂程度选择适当数量的测风塔,以取得足够精确的数据。

就本风电场而言,可以看出,风电场区域海拔基本在 1400~1700 m,三座测风塔由北至南海拔高度逐渐升高,A 塔位于区域北部地势相对最低的地方,B 塔位于中部山坡上,C 塔位于山顶海拔相对最好的地方,三座测风塔高程差异导致三者平均风速存在一定差异,位于山脚海拔最低的 A 塔风资源最差,位于山坡的 B 塔次之,位于山顶的 C 塔则资源最好。从风向分布来看,三座测风塔主导风向基本一致,均为偏北风和偏南风,偏北风风速较大。

从地形来看,该风电场属于隆升地形,由隆升地形气流运动特点可看出,在盛行风向吹向隆升地形时,山脚风速最小,山顶风速最大,半山坡的风速趋于中间,均不能代表风场的风速,故应在山顶、半山坡和山脚的来流方向分别安装测风塔,即应该在 A、B、C 三处均布设测风塔以便得到整个地形剖面上的风资源分布,对该风电场不同区域的风资源进行准确的掌握,为风电场最终的风机排布提供较为科学的依据。

因此,在地形较为复杂的风电场,用一座测风塔进行风电场风资源评估时,不确定性显著增加。测风塔的位置尤为关键和重要,测风塔代表性较差时,可导致发电量误差在 10% 以上。因此在复杂地形风电场,应根据地形,布设适当数量测风塔,以期得到风电场内较为精准的风速分布,减少因测风塔位置选择而造成的风资源评估的不确定性。

另外,本研究也存在一些不确定性,只是对某个特例进行了分析研究,并没有分析此风电场的代表性,分析结果存在一定的局限性,对风电场风速和发电量的误差可能会低估。因此以后的研究中还应对更多实例进行分析,以得到更准确的误差估算结果。

6.2　风电场风能资源预（中期）评估技术

6.2.1　风能资源预（中期）评估技术

此工作主要是针对目前很多风电场测风塔观测数据不满一年,而风电企业对风能资源评估和风电场建设需求迫切的需要,将数值模拟技术运用到风电场风能资源评估中,进行数据插补和补全,开展风电场风能资源评估。应用此技术,为 30 多个风电场开展风能资源预评估和中期评估,并与测风塔观测满一年后年评估结果对比,评估结论基本一致,可较为准确地评估风电场风能资源,大大加快了风电场建设进程。

在运用数值模拟的结果时必须进行系统误差分析和订正,采用分 24 时次订正的方法进行订正（分 24 时次订正主要考虑消除地形等影响的误差）,分析测风塔模拟和附近实际观测同期逐时数据,找出各时次模拟和实测数据的统计关系,采用比值法（订正＝模拟×订正系数,$y=ax$）对模拟资料进行订正,完成风电场测风塔数据的插补和延长,并与测风塔实测数据进行对比分析,误差结果分析表明用数值模拟方法补全数据比统计拟合的风速更接近实测值,可用该数据进行风能资源预（中期）评估。

其中,预评估是风电场没有测风塔观测资料,中期评估是风电场有测风塔观测资料,但是测风塔观测资料不满一年。整体的数据处理及评估技术是基本一致的。本节以中期评估为分析案例。

6.2.2　风资源中期评估案例

6.2.2.1　项目概况及资料处理

某风电场建设 80 m 高测风塔 2 座 0002 和 0003,其海拔高度分别为 1685 m 和 1645 m。两座测风塔各有 4 个月实测数据,2011 年 12 月 1 日—2012 年 3 月 31 日为实测数据,其余 8 个月的风资料为中尺度模拟数据。

（1）风速对比分析

表 6.4 是测风塔 0002、0003 2011 年 11 月 21 日—2012 年 3 月 31 日逐时数值模拟风速与同期实测风速相关系数。各层模拟结果与测风塔实测结果相应层的相关系数均在 0.64 以上,均通过了 99％显著性检验。说明用数值模拟方法得到的资料与实测值相关性较好,可以利用数值模拟数据来进行风能资源评估。

表 6.4　测风塔 0003、0002 数值模拟数据与测风塔实测数据相关系数

测风塔编号	时段	10 m	30 m	50 m	70 m
0003	2011 年 12 月 1 日—2012 年 3 月 31 日	0.6603	0.7031	0.7069	0.7102
0002	2011 年 12 月 1 日—2012 年 3 月 31 日	0.6428	0.6875	0.6991	0.6998

（2）风向对比分析

测风塔 0002、0003 有较长时间实测数据,通过测风塔实测风向和模拟风向对比分析,得出模拟数据系统偏差,确定 2 座测风塔模拟风向是否合理。

由于测风塔 0002、0003 模拟 10 m、30 m、50 m 和 70 m 同塔各高度实测风向频率分布基本一致,模拟风向频率分布也基本一致,这里仅对 70 m 模拟与实测风向进行对比分析。测风塔 0002、0003 70 m 模拟与实测风向对应关系良好,十六方位吻合率均较大。在 NW、NNW 方向风向频率差距相对较大,且实测风向大于模拟风向频率;在 S、SSW、SW 方向模拟风向大于实测风向,SW 方向实测风向频率大于模拟风向,但差距不大。测风塔 0003 主导风向的频率分布二者基本一致,十六方位最小吻合率出现在 ESE 方向,为 9.5%,最大吻合率出现在 NW 方向,为 42.8%;测风塔 0002 主导风向的频率分布二者基本一致,十六方位最小吻合率出现在 ESE 方向,为 1.5%,最大吻合率出现在 NNW 方向,为 42.2%(图 6.10)。

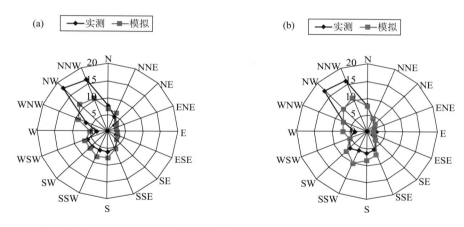

图 6.10　测风塔 0003(a)、0002(b) 70 m 模拟与实测风向对比玫瑰图(%)

（3）误差分析

① 数值模拟月平均风速误差分析

对数值模拟数据进行分 24 时次订正后,计算出 2 座测风塔在 2011 年 12 月 1 日—2012 年 3 月 31 日各高度模拟月平均风速与实测月平均风速误差统计(表 6.5、表 6.6)。各高度实测数据与模拟数据误差均较小,除了在 12 月相对误差较大以外,其余各月各高度相对误差都在 6% 以内。

测风塔 0003 各高度平均绝对误差为 0.22 m·s^{-1},平均相对误差 5.1%,各高度绝对误差差别不大;10～50 m 高度平均相对误差在 5.1%～5.2%,70 m 高度平均相对误差略小,为 4.7%。

测风塔 0002 各高度月平均绝对误差为 $0.2\ \mathrm{m\cdot s^{-1}}$,平均相对误差 5.0%,10 m 高度误差略小,平均绝对误差为 $0.12\ \mathrm{m\cdot s^{-1}}$,相对误差为 3.5%,$30\sim70$ m 误差略大,平均绝对误差为 $0.23\ \mathrm{m\cdot s^{-1}}$、$0.24\ \mathrm{m\cdot s^{-1}}$ 和 $0.27\ \mathrm{m\cdot s^{-1}}$,平均相对误差分别为 5.4%、5.5%和 5.8%。

表 6.5　测风塔 0003 2011 年 12 月 1 日—2012 年 3 月 31 日月模拟与实测数据误差分析

高度	项目	2011 年 12 月	2012 年 1 月	2012 年 2 月	2012 年 3 月
10 m	实测风速/$(\mathrm{m\cdot s^{-1}})$	3.56	3.42	3.92	4.81
	模拟风速/$(\mathrm{m\cdot s^{-1}})$	3.91	3.41	3.70	4.59
	绝对误差/$(\mathrm{m\cdot s^{-1}})$	0.34	0.01	0.23	0.22
	相对误差/%	9.67	0.43	5.79	4.64
30 m	实测风速/$(\mathrm{m\cdot s^{-1}})$	3.90	3.77	4.30	5.13
	模拟风速/$(\mathrm{m\cdot s^{-1}})$	4.27	3.67	4.09	4.94
	绝对误差/$(\mathrm{m\cdot s^{-1}})$	0.37	0.10	0.21	0.19
	相对误差/%	9.53	2.55	4.84	3.78
50 m	实测风速/$(\mathrm{m\cdot s^{-1}})$	4.22	4.14	4.68	5.44
	模拟风速/$(\mathrm{m\cdot s^{-1}})$	4.59	3.94	4.41	5.35
	绝对误差/$(\mathrm{m\cdot s^{-1}})$	0.36	0.20	0.26	0.09
	相对误差/%	8.63	4.91	5.59	1.68
70 m	实测风速/$(\mathrm{m\cdot s^{-1}})$	4.47	4.34	4.92	5.63
	模拟风速/$(\mathrm{m\cdot s^{-1}})$	4.83	4.15	4.62	5.60
	绝对误差/$(\mathrm{m\cdot s^{-1}})$	0.36	0.19	0.30	0.02
	相对误差/%	8.05	4.35	6.07	0.44

表 6.6　测风塔 0002 2011 年 12 月 1 日—2012 年 3 月 31 日模拟与实测数据误差分析

高度	项目	2011 年 12 月	2012 年 11 月	2012 年 2 月	2012 年 3 月
10 m	实测风速/$(\mathrm{m\cdot s^{-1}})$	3.41	3.26	3.89	4.75
	模拟风速/$(\mathrm{m\cdot s^{-1}})$	3.58	3.14	3.73	4.70
	绝对误差/$(\mathrm{m\cdot s^{-1}})$	0.17	0.12	0.15	0.05
	相对误差/%	4.98	3.81	3.98	1.05
30 m	实测风速/$(\mathrm{m\cdot s^{-1}})$	3.86	3.74	4.38	5.26
	模拟风速/$(\mathrm{m\cdot s^{-1}})$	4.22	3.61	4.17	5.06
	绝对误差/$(\mathrm{m\cdot s^{-1}})$	0.37	0.13	0.21	0.20
	相对误差/%	9.48	3.44	4.73	3.79
50 m	实测风速/$(\mathrm{m\cdot s^{-1}})$	4.09	3.99	4.64	5.48
	模拟风速/$(\mathrm{m\cdot s^{-1}})$	4.48	3.82	4.38	5.34
	绝对误差/$(\mathrm{m\cdot s^{-1}})$	0.39	0.17	0.26	0.14
	相对误差/%	9.45	4.30	5.59	2.47

续表

高度	项目	2011 年 12 月	2012 年 11 月	2012 年 2 月	2012 年 3 月
70 m	实测风速/(m·s⁻¹)	4.26	4.20	4.86	5.70
	模拟风速/(m·s⁻¹)	4.70	4.02	4.55	5.55
	绝对误差/(m·s⁻¹)	0.44	0.17	0.31	0.15
	相对误差/%	10.31	4.14	6.31	2.58

（4）数据补全

根据以上分析,模拟结果各月平均风速相对误差基本在 5% 左右,误差较小,因而模拟结果是可信的和合理的。

采用数值模拟的方法补全测风塔 0002、0003 2011 年 4 月 1 日—2011 年 11 月 30 日数据,这样这两座测风塔的评估数据就是完整的一年,即 2011 年 4 月 1 日—2012 年 3 月 31 日,利用这套数据就可以开展该风电场风资源中期评估（评估内容略）。当然,这个评估结果仅能作为风电场当前开展工作的参考,最终以测风塔获取一整年完整测风数据的评估结论为准。

6.3 风电场测风塔代表年数据订正

6.3.1 风电场测风塔观测数据代表年订正的重要性

运用合理的数据处理技术和方法对风电场风能资源的评估是整个风电场建设、运行取得良好经济效益的关键（周荣卫 等,2010;陕华平 等,2006）。但是有的风电场因风能资源评价失误,而达不到预期的发电量,造成很大的经济损失（连捷,2007）。大部分拟建风电场往往只有一整年的现场测风数据,根据现场的测风资料所计算出来的风能参数只能反映当年的风能状况。中国是典型的季风气候,冷暖季节比较明显,加之地形条件复杂,风资源的波动性较大,风况年际变化明显,要评价风场的长期风能资源状况,必须根据能反映风场长期风资源状况的测风资料进行分析计算,因此场址附近长期测站的多年平均测风资料是必不可少的（杜燕军 等,2010）。需要结合附近有代表性的长期测站的观测资料,将验证后的现场测风数据订正为一套反映风场长期平均水平的代表性数据进行风资源分析（于兴杰 等,2012）。

目前,越来越多的陆上风电场建在复杂地形（如山或山脉）上,远离附近的平原地区。尤其陕西省风电场大多建设在偏远山区的山梁、山脊或者黄土高原台塬上,当地气象站和测风塔所在区域地貌地形及环境相差较大,造成风电场测风塔测风数据与周边气象站测风数据相关性较差。但按照规范要求,风电场附近长期测站的测风数据与风电场现场测风数据的相关系数应达到一定要求,方能用于数据订正。然而,对于地形起伏较大、气象站点分布相对稀少的地区而言,这一要求往往难以达到。以致很多风电场常常无法找到合适气象站作为参证站进行测风塔代表年数据订正。同时,由于近年来我国城镇化建设进程快速发展,气象站周围探测环境发生很大变化,也会影响气象站风速趋势变化,造成气象站测风数据均一性降低。因此亟需寻求一种方法可以替代原有的应用气象站数据订正代表年方法。

6.3.2　测风塔代表年订正不确定性分析

近年来也有一些学者在风电场测风塔代表性订正方面开展了一些研究,但研究相对较少,研究成果也缺少一定的普遍意义。林芸(2017)采用日平均风速作相关分析对云南某风电场进行数据订正,并对订正结果进行了合理性分析,指出在资料缺少的情况下利用该方法进行代表年订正是合适的。杜燕军等(2010)以内蒙古地区某风电场风资源分析为例,探讨采用常规方法和改进方法对代表年风速的订正所产生的误差情况,改进了代表年订正方法,弥补了常规方法中的一些不确定因素对代表年修正结果的影响,减小了误差范围。王有禄等(2008)利用国标规定的"风向相关法"和另一种"风速相关法"对某风电场测风数据进行代表年订正,指出气象站与风电场风速相关性很差时,应通过多种方法计算分析后确定代表年结果。于兴杰等(2012)采用风速年景划分法对风场风资源代表年进行订正,弥补了常规方法的不足,计算简单,便于应用。但这种方法只能得到年风能资源,无法进行代表年风能资源的详细分析,且忽略了风场地形、地貌以及气候等因素对代表年在各方向上风速影响程度的差异。路屹雄等(2009)以江苏省为例,利用"站点最大频数法"和"区域平均法"对区域多站点的风能资源代表年进行选取,表明两种方法选取的江苏省风能代表年是一致的。但该方法仅是对具有较长时段观测数据的气象站点的代表性年份进行选取,对于仅有一年观测的风电场来说意义不大。

可以发现,上述研究都是针对目前的订正方法进行了一定的调整和改进,并不能从根本上解决没有参证气象站可选的情况下可采用的代表年数据订正问题。本节研究主要体现在:1)系统分析风电场代表年数据订正中的不确定性,研究在风电场代表年数据订正过程中产生误差的原因。2)针对复杂地形风电场测风塔与周边气象站相关性较差或气象站数据均一性较差的情况,利用 MM5/CALMET 数值模式提取测风塔所在位置长序列数值模拟结果,并与测风塔实测数据进行对比分析,确定利用数值模拟技术进行测风塔长期风况模拟的可行性和适用性。

6.3.2.1　资料与概况

该案例风电场以浅沟壑地貌为主,北低南高,东西方向较为平坦。测风塔海拔高度约为1636 m,塔高 70 m。气象站距风电场直线距离约为 16 km,观测场海拔高度为 1336 m,比风电场平均海拔高度低约 300 m。本节数据选用测风塔 2009—2011 年逐时风速、风向和距风电场最近的气象站同期及近 30 a 的风速进行分析。主要采用回归分析、相关分析等统计分析方法。鉴于该风电场有两年以上(2009—2011 年)的测风资料,为了分析不同时段代表年计算成果的差异,分别选择近 20 a、近 10 a 两个时段及 2009 年、2010 年和 2011 年三个实测年数据进行代表年分析计算。

6.3.2.2 结果分析

(1)测风塔不同时段代表年结果分析

分别利用测风塔连续三年的 2009 年、2010 年和 2011 年实测逐时风速数据、参证气象站同期及近 10 a(2002—2011 年)逐时风速实测数据,根据《风电场风能资源评估方法》,将风电场短期测风数据订正为代表年风况数据,相关系数计算结果详见表 6.7。综合来看,测风塔 70 m 高风速与气象站 10 m 高风速的相关系数在 2010 年和 2011 年相对较高,2009 年则相对偏低。16 个方位中,2009 年在 NNE—NE 区间和 E—SE 区间相关系数均较小,在 0.5 以下,相关系数大于 0.7 的方位为 9 个;2010 年仅 ESE 方位小于 0.5,相关系数大于 0.7 的方位为 10 个;2011 年仅 E 方位小于 0.5,相关系数大于 0.7 的方位为 13 个。可见对于同一测风塔和同一气象站,选择不同年份作为观测年进行代表年数据订正时,各方位的相关系数存在一定差异,在测风塔观测时段较长时,可以选择相关系数较高的年份进行代表年数据订正,以期得到较准确的代表年数据结果。

表 6.7　2009、2010 和 2011 年测风塔 70 m 与气象站 10 m 风速 16 方位相关系数

风向	2009 年		2010 年		2011 年	
	相关系数	t 检验值	相关系数	t 检验值	相关系数	t 检验值
N	0.778	12.38	0.797	13.06	0.784	13.24
NNE	0.489	4.86	0.616	6.72	0.721	10.41
NE	0.284	2.40	0.597	6.18	0.810	12.11
ENE	0.501	4.41	0.659	6.62	0.722	8.55
E	0.227	1.83	0.625	6.10	0.498	5.01
ESE	0.329	2.70	0.417	3.86	0.691	7.76
SE	0.413	3.90	0.769	10.27	0.771	10.54
SSE	0.909	24.23	0.863	17.86	0.816	15.40
S	0.867	20.22	0.740	12.53	0.723	11.74
SSW	0.782	14.10	0.835	16.03	0.81	14.61
SW	0.764	11.66	0.825	14.93	0.779	12.50
WSW	0.703	9.68	0.562	7.13	0.525	5.94
W	0.662	9.88	0.817	17.42	0.741	11.52
WNW	0.790	15.29	0.867	21.83	0.846	18.08
NW	0.908	26.23	0.921	29.05	0.914	26.53
NNW	0.884	21.94	0.873	20.99	0.908	24.75

利用测风塔 2009 年数据计算得到代表年平均风速为 6.6 m·s^{-1},用 2010 年数据计算得到测风塔代表年平均风速 6.2 m·s^{-1},而用 2011 年数据计算得到测风塔代表年平均风速 6.0 m·s^{-1}。2010 年与 2011 年计算得到的代表年数据相差较小,二者相差 0.2 m·s^{-1},不到 4%,而用 2009 年数据计算得到的代表年数据则与其他两个年份差距较大,相差在 7%~10%。从上述相关分析可知,2009 年测风塔与气象站 16 方位相关系数较低,因此认为以 2009 年作为观测年计算测风塔代表年数据误差较大,在实际工作中不应予以采用。这也

说明在利用气象站数据进行测风塔代表年数据订正时,要详细分析二者在十六方位的相关性,以确定是否可以采用《风电场风能资源评估方法》中规定的方法进行代表年数据订正。同时我们发现 2010 年和 2011 年测风塔和气象站相关均较好,但在计算测风塔代表年数据时,得到的代表年风速仍存在差异。

(2)原因分析

分别计算测风塔和气象站 2010 年与 2011 年各风向风速,分析塔和站这两年在风速和风向频率之间的差异。从计算结果可以看出(图 6.11),2010 年和 2011 年风速差异主要出现在偏西北和偏东南方向,2010 年测风塔和气象站在偏西北和偏东南方向上风速均大于2011 年,但二者在 2010 年和 2011 年两个风向区间的风速差异大小并不一致,在 W—NNW区间,测风塔 2010 年较 2011 年平均偏大 18.7%,而气象站则偏大 16.6%,偏大比例略小于测风塔;在 SE—S 区间,测风塔 2010 年较 2011 年平均偏大 11.7%,而气象站则偏大10.7%。另外,可发现在偏西南方向,测风塔 2010 年风速仍较 2011 年偏大,而气象站在这个风向区间 2010 年和 2011 年则没有显著差异。测风塔和气象站在不同年份各风向风速差异上的不一致必然会对代表年数据计算造成一定的影响。

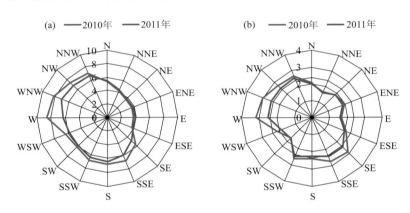

图 6.11　测风塔(a)和气象站(b)2010 年及 2011 年各风向风速(单位: m·s⁻¹)

分别计算测风塔和气象站 2010 年与 2011 年风向频率(图 6.12),从计算结果可以看出,2010 年和 2011 年风向差异主要出现在偏西北向和偏南方向,2010 年测风塔和气象站在偏西北上风向频率均大于 2011 年,在 W—WNW 区间,测风塔 2010 年较 2011 年平均偏大3.8%,而气象站则偏大 2.8%,偏大比例略小于测风塔;在偏南方向,测风塔 2010 年与 2011年差异主要在 S—SSW 区间,2010 年较 2011 年平均偏小 2.3%,而气象站则主要在 S 方向存在差异,2010 年较 2011 年偏小 1.5%。

分析发现测风塔和气象站的主导风向并不完全一致。测风塔主导风向为 S—SSW 区间和 W—NNW 区间,在偏南方向,S 方向风频较大,在西北方向,WNW 方向风频较大;而气象站风向则主要分布在 S—SSW 区间和 W—WNW 区间,且以 SSW 和 W 方向风频较大。在进行代表年数据订正时,需要对测风塔和气象站数据分 16 方位来进行样本统计和回归方程计算,测风塔和气象站风向频率上存在的差异必然会对代表年数据计算结果造成一定的误差。

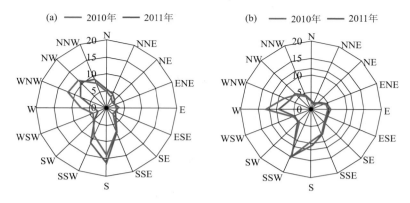

图 6.12　测风塔(a)和气象站(b)2010 年及 2011 年风向频率(%)

（3）测风塔和气象站风速变化的不一致性分析

《风电场风能资源评估方法》中测风塔代表年数据的计算方法，主要是分 16 方位利用线性回归方程进行计算，并没有考虑二者风速变化的不一致情况。事实上，测风塔各月风速变化与气象站各月风速变化趋势并不完全一致。测风塔和气象站均是冬春季节风速较大，夏秋季节风速相对较小，但是测风塔风速季节变化显著，而气象站季节差异则较小。计算二者各月的风速差，发现 6—10 月测风塔风速较气象站偏大均在 4.0 m·s^{-1} 以下，而在 1—5 月和 11—12 月二者差值均大于 4.0 m·s^{-1}，说明测风塔和气象站的风速差异存在季节性。

测风塔和气象站风速的日变化趋势相反，测风塔风速在一日内呈现先减小后增大的变化趋势，即夜间风速较大，白天风速较小；而气象站风速则是先增大后减小，即白天风速较大，夜间风速较小。10—20 时是测风塔风速相对较小的时段，而这个时段气象站风速则达到了一天中的峰值。

由于测风仪器本身、周围外部环境、测风高度，以及风电场区域与长期气象站外部环境存在的差异，导致气象站风速变化与风电场区域风速变化存在上述差异，现有的测风塔代表年数据计算方法并没有考虑这些差异，因此得到的代表年数据结果往往存在不确定性，加之没有较长的实测资料进行对比分析，很难对其误差进行订正，而且不同测风塔和相应的参证站风速及风向差异存在独特性，很难用统一的统计方法对现有代表年数据订正方法进行修正。

6.3.3　数值模拟数据在测风塔代表年订正中的应用

从上述分析可知很难用统计方法对现有代表年数据订正方法进行修正，但在风能资源评估中，因为不同测风年风速存在较大差异，仅用观测年数据进行风资源评估，不能代表风电场区域长期的风况，近年来，数值模拟技术在风资源评估逐渐被广泛应用，美国、丹麦、加拿大、澳大利亚和日本等都先后开发和发展了许多较为成熟的应用数值模拟方法的风能资源评估系统软件（Archer et al.，2005；Troen et al.，1989；Brower et al.，2001）。中国也开展相关研究，龚强等（2006）、李晓燕等（2009）、袁春红等（2004）、湛芸等（2007）、张鸿雁等（2008）分别应用 MM5 模式，历史观测资料和中尺度大气模式相融合的方法等进行了数值模拟方法在风能资源评估中的应用研究，取得了很多经验。姜创业等（2011）通过陕北模拟区实验分析

MM5/CALMET 模式在复杂地形下模拟数据的可靠性,发现经过订正处理的模拟数据具有更好的真实性和可靠性。那长期的数值模拟数据能否代表测风塔长期的风况呢?

6.3.3.1　风速对比分析

利用 MM5/CALMET 模式提取测风塔所在位置 2009—2011 年 3 年逐时风速风向数据,因模式数据存在系统误差,对于测风塔模拟数据,消除地形等影响的误差,分别以 2010 年和 2011 年为观测年,分 24 时次分别建立相关关系对数值模拟结果进行订正处理,得到测风塔 2009—2011 年的数值模拟结果(表 6.8 和表 6.9)。实际观测 2009—2011 年测风塔平均风速为 6.3 m·s^{-1},用 2010 年和 2011 年为观测年进行订正后的数值模拟多年平均风速分别为 6.40 m·s^{-1} 和 6.24 m·s^{-1},而以 2010 年、2011 年为观测年,用国标方法计算得到的代表年结果分别为 6.0 m·s^{-1} 和 6.18 m·s^{-1},同实测值相比,数值模拟数据与实测值相差较小,仅分别为 0.1 m·s^{-1} 和 0.06 m·s^{-1},分别偏大约 1.7% 和 1.0%,而用气象站计算得到的代表年结果与实测值分别相差 0.4 m·s^{-1} 和 0.12 m·s^{-1},分别偏小 5.0% 和 1.9%,相差较大。各月风速比较来看,数值模拟结果除 8 月和 12 月相对误差较大以外,其余月份相对误差都在 5% 以下。采用不同年份为观测年得到的代表年数据误差则相对较大,以 2011 年为观测年得到的代表年数据除 4—5 月、8 月和 10 月相对误差较小外,其余月份相对误差均较大,绝对值在 5% 以上;以 2010 年为观测年得到的代表年数据 1 月、3 月、5—8 月和 11 月误差在 5% 以下,其他各月均大于 5%。整体来说,采用不同观测年利用统计方法计算,得到的代表年数据差异较大,误差也较大,而利用数值模拟得到的结果则误差较小。

表 6.8　数值模拟和实测 2009—2011 年及用 2011 年为观测年得到的近 3 年代表年风速数据

	1月	2月	3月	4月	5月	6月	7月	8月	9月	10月	11月	12月	年
实测/(m·s^{-1})	6.37	6.41	7.1	7.36	6.52	6.37	5.78	5.28	5.42	5.96	6.22	6.85	6.30
模拟/(m·s^{-1})	6.53	6.41	6.99	7.31	6.42	6.4	5.89	5.59	5.66	5.95	6.25	7.51	6.40
模拟相对误差/%	2.5	0.0	−1.5	−0.7	−1.5	0.5	1.9	5.9	4.4	−0.2	0.5	9.6	1.7
代表年/(m·s^{-1})	5.42	6.79	6.42	7.61	6.51	6.74	5.48	5.29	5.0	6.11	5.31	5.19	6.00
代表年相对误差/%	−14.9	5.9	−9.6	3.4	−0.2	5.8	−5.2	0.2	−7.7	2.5	−14.6	−24.2	−5.0

表 6.9　数值模拟和实测 2009—2011 年及用 2010 年为观测年得到的近 3 年代表年风速数据

	1月	2月	3月	4月	5月	6月	7月	8月	9月	10月	11月	12月	年
实测/(m·s^{-1})	6.37	6.41	7.1	7.36	6.52	6.37	5.78	5.28	5.42	5.96	6.22	6.85	6.30
模拟/(m·s^{-1})	6.34	6.24	6.79	7.11	6.25	6.25	5.75	5.46	5.53	5.79	6.07	7.29	6.24
模拟相对误差/%	−0.5	−2.7	−4.4	−3.4	−4.1	−1.9	−0.5	3.4	2.0	−2.9	−2.4	6.4	−1.0
代表年/(m·s^{-1})	6.29	5.89	7.38	6.8	6.22	6.08	5.81	5.05	4.97	5.34	6.5	7.77	6.18
代表年相对误差/%	−1.3	−8.1	3.9	−7.6	−4.6	−4.6	0.5	−4.4	−8.3	−10.4	13.4	−1.9

对测风塔实测、数值模拟和代表年风速日变化进行分析,发现:各时次平均风速变化趋势基本一致,均呈现先减小后增大的变化趋势,00—06 时风速较大,07 时开始减小,白天经历两个最低值,19 时风速开始增大,至凌晨增至最大。数值模拟结果和实测数据在各时次相差较小,尤其是夜间,在白天和实测数据风速相差略大;而代表年结果整体来说各时次风速均小于实测值,且偏小较多。

6.3.3.2 风向对比分析

对比测风塔 2009—2011 年实测和模拟的风向,可发现二者在主导风向上比较一致,均是 WNW—NW 和 SSE—SW 区间风向频率较大,说明数值模拟技术对风向的模拟是比较准确的。不同的是,数值模拟数据在偏西北方向风频大于偏南方向,而实测数据则是偏南方向大于偏西北方向。

另外,挑选了本地区 6 座测风塔,提取测风塔所在位置数值模拟资料,对比模拟资料和实测数据,计算模拟资料的误差(表 6.10),分析数值模拟资料在该地区的可用性。可见,6座测风塔实测风速和模拟风速逐时值相关系数均在 0.5 以上,相关系数较高,二者差值基本在 0.1 以下,相对误差基本在 2% 以内,可见数值模拟资料与实测数据的误差较小,基本可以代表测风塔所在位置的风速情况。

表 6.10 6 座测风塔 70 m 高度实测数据和模拟数据对比分析

风塔编号	1	2	3	4	5	6
实测风速/(m·s⁻¹)	5.40	6.03	6.20	4.34	4.20	5.97
模拟风速/(m·s⁻¹)	5.44	6.06	6.24	4.37	4.23	5.87
相关系数	0.5324	0.6194	0.6683	0.5484	0.5009	0.6012
绝对误差/(m·s⁻¹)	0.04	0.03	0.01	0.03	0.03	0.1
相对误差/%	0.74	0.55	0.64	0.69	0.71	1.68

对比 6 座测风塔实测和模拟的风向(图 6.13),可见除 1 和 4 测风塔外,其余几座测风塔模拟资料得到的风向频率和实测数据的风向频率分布基本一致,较好地模拟出了测风塔的风向分布情况。

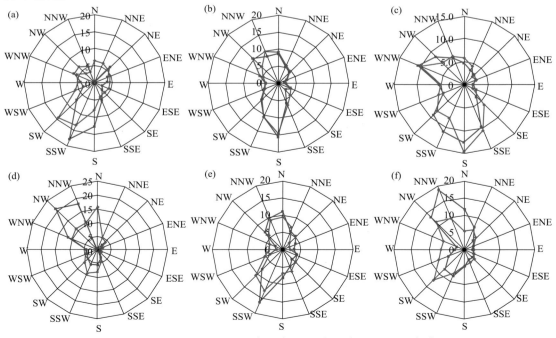

图 6.13 6 座测风塔实测(蓝色)和模拟(红色)风向玫瑰图(%)

(a)1 号,(b)2 号,(c)3 号,(d)4 号,(e)5 号,(f)6 号

综上分析可知,在本地区利用 MM5/CALMET 模式模拟测风塔位置的风资源情况,整体来说误差范围较小,风向分布的模拟也基本与实测结果一致。在气象站数据与风电场测风塔数据风速风向变化一致性较差的情况下,可尝试利用数值模拟技术对测风塔长期风况进行模拟,计算其模拟误差,分析数值模拟资料的合理性,判断是否可用数值模拟资料分析测风塔的长期风况。

6.4　复杂地形下风电场综合评估技术

6.4.1　复杂地形下风电场综合评估意义

陕西省很多大型风电场建在山丘、山脊等山区或者黄土高原台塬上,风电场区域地形较复杂,给风能资源评估带来较大的困难。在这些风电场中,普遍存在着风电场内建设的测风塔较少,不能全面反映风电场内风能资源分布概况,造成风能资源评估不准确,或者尽管风电场内有多座测风塔,但多座测风塔观测时段不一致,测风塔之间风资源不易比较,未能充分发挥多座测风塔的作用,给风电场风资源评估带来一定的不确定性。

为了正确评价风电场风能资源状况,减少资源评估中的不确定性,尽量将测风塔的风况准确地转换成每台风机轮毂中心的风况。在长期实践中建立了复杂地形下风电场风资源综合评估方法。该技术的两个关键点是:采用中尺度数值模拟技术将风电场内观测时段不同的多个测风塔数据补全到同一时段;提取风电场不同位置的数值模拟数据,将处理过的多个测风塔数据输入到基于计算流体力学(CFD)方法 Windsim 软件,对复杂地形下风电场风资源情况进行模拟,得到整个风电场区域内不同高度的精细化风能资源分布图。运用该技术可以精细化分析风电场风能资源变化特征,科学、准确地开展风电场风机微观选址、风机排布和发电量计算等,减少因测风塔较少而造成的风能资源不准确。

6.4.2　案例分析

6.4.2.1　项目概况

陕西北部某风电场,根据规划该风电场分为四期工程,每期容量均为 49.5 MW。四期工程区域分布较为紧凑,彼此相邻,场址间相距较近,因此风电场建成后,各风机间的相互影响以及各期工程间的相互影响是必须考虑的,而且在各风电场区域均已布有测风塔,通过对各测风塔测风资料的分析及对整个区域风能资源进行分析,可以很好地掌握此区域整体的风能资源分布情况,对现有已建风电场的区域风资源进行检验,对在建风电场的区域风资源进行分析并对风机的微观选址提供一定的科学依据。

四期工程风场内均设有测风塔,编号分别为 9001 观测高度 70 m,一期)、9002(观测高度 90 m,二期)、9003(观测高度 90 m,三期)和 9004(观测高度 90 m,四期),由于建设进度不同,测风塔开始观测时间亦不一致,9001 于 2008 年 12 月开始观测,9002 和 9003 于 2010 年

10 月开始观测,9004 于 2011 年 1 月开始观测,详细情况见表 6.11。

表 6.11 某风电场测风塔基本情况表

测风塔编号	塔高/m	测风时段	海拔/m	测风塔配置	仪器
9001	70	2008 年 12 月 19 日—2011 年 7 月 31 日	1636	风速:10、30、50、60、70 m 风向:10、30、70 m 气温、气压	NRG
9002	90	2010 年 8 月 1 日—2010 年 9 月 30 日	1731	风速:10、30、50、60、70、90 m 风向:10、70、90 m 气温、气压	NRG
9003	90	2010 年 8 月 1 日—2010 年 9 月 30 日	1638	风速:10、30、50、60、70、90 m 风向:10、70、90 m 气温、气压	NRG
9004	90	2011 年 1 月 10 日—2011 年 7 月 28 日	1496	风速:10、30、50、60、70、90 m 风向:10、70、90 m 气温、气压	NRG

6.4.2.2 数据处理

由于四座测风塔测风时间不一致,为了使各测风塔分析具有可比性,需选取相同时间段的资料进行评估,本节选取评估时段为 2010 年 8 月 1 日—2011 年 7 月 31 日,除测风塔 9001 全部为实测数据外,9002、9003 和 9004 均由实测数据和数值模拟订正数据组成。

9002:2010 年 8 月 1 日—2010 年 9 月 30 日为数值模拟订正数据,2010 年 10 月 1 日—2011 年 7 月 31 日为实测数据。

9003:2010 年 8 月 1 日—2010 年 9 月 30 日为数值模拟订正数据,2010 年 10 月 1 日—2011 年 7 月 31 日为实测数据。

9004:2010 年 8 月 1 日—2011 年 1 月 9 日和 2011 年 7 月 29 日—2011 年 7 月 31 日为数值模拟订正数据,2011 年 1 月 10 日—2011 年 7 月 28 日为实测数据。

对于本节中的数据,对风速和风向不合理数据进行剔除并插补,插补后四个测风塔的有效数据完整率达到 100%。

(1)测风塔相关性分析

表 6.12 为四座测风塔两两之间 70 m 高度同期风速的相关系数,相关系数均在 0.8 以上,相关性较好,说明该风电场区域各测风塔风能资源情况基本一致。

表 6.12 70 m 高度各测风塔两两之间风速相关系数

测风塔编号	9002	9003	9004
9001	0.917	0.885	0.851
9002	—	0.894	0.851
9003	—	—	0.844

(2)测风数据误差分析

表 6.13 是各测风塔观测时段 70 m 高度实测风速与模拟风速日平均值相关系数。模拟

结果与实测结果相应层的相关系数均在 0.8 以上，均通过了 99％显著性检验。说明用数值模拟方法得到的资料与实测值相关性较好，可以利用数值模拟数据来进行风能资源预评估。各测风塔数据分析时间段分别为：9002、9003：2010 年 10 月 1 日—2011 年 7 月 31 日；9004：2011 年 1 月 10 日—2011 年 7 月 28 日。以下各误差分析时间段相同。

表 6.13　70 m 高度各测风塔实测数据与数值模拟数据相关系数

测风塔编号	9002	9003	9004
实测与数值模拟值相关系数 R	0.847	0.813	0.811

对数值模拟数据进行分 24 时次订正后，求出各测风塔 70 m 高度模拟平均风速与实测平均风速的误差。由表 6.14 可知，各测风塔实测数据与模拟数据相对误差和绝对误差均较小，除 12 月 9002 和 9003 误差相对较大外，其余各月各测风塔误差均较小，年平均相对误差低于 8％。测风塔 9004 月平均相对误差为 1.75％，误差最小，测风塔 9002 月平均相对误差为 4.01％，误差居中，测风塔 9003 月平均相对误差为 7.98％，误差最大。相对误差大的月份主要出现在 5 月、11 月和 12 月，5 月是实测数据较大，模拟数据偏小，11 月和 12 月是实测数据较小，模拟数据偏大造成的。

表 6.14　70 m 高度实测模拟月平均数据误差分析

测风塔编号	项目	1 月	2 月	3 月	4 月	5 月	6 月	7 月	10 月	11 月	12 月	平均
9002	实测风速/(m·s⁻¹)	5.74	7.01	6.97	7.96	7.26	7.22	5.92	6.00	7.88	9.68	7.16
	模拟风速/(m·s⁻¹)	5.65	7.16	6.65	7.91	6.54	7.15	6.06	5.78	8.12	10.74	7.17
	绝对误差/(m·s⁻¹)	0.10	0.15	0.32	0.05	0.72	0.07	0.14	0.22	0.23	1.06	0.31
	相对误差/％	1.69	2.16	4.61	0.68	9.95	0.98	2.41	3.70	2.98	10.92	4.01
9003	实测风速/(m·s⁻¹)	5.01	6.63	6.38	7.44	6.70	6.94	5.68	5.67	6.46	7.57	6.45
	模拟风速/(m·s⁻¹)	4.98	6.42	5.97	7.16	5.97	6.50	5.48	5.26	7.27	9.49	6.45
	绝对误差/(m·s⁻¹)	0.03	0.21	0.41	0.28	0.73	0.43	0.20	0.41	0.81	1.92	0.54
	相对误差/％	0.69	3.14	6.47	3.76	10.83	6.27	3.51	7.21	12.57	25.35	7.98
9004	实测风速/(m·s⁻¹)	4.77	6.52	5.94	7.27	6.31	6.74	5.85	—	—	—	6.20
	模拟风速/(m·s⁻¹)	4.90	6.56	6.07	7.36	6.07	6.66	5.83	—	—	—	6.21
	绝对误差/(m·s⁻¹)	0.13	0.04	0.13	0.09	0.25	0.08	0.02	—	—	—	0.11
	相对误差/％	2.75	0.62	2.16	1.21	3.89	1.27	0.37	—	—	—	1.75

6.4.2.3　风电场区域风能资源综合分析

（1）70 m 和 90 m 高度平均风速分布

首先将风电场区域地形数据输入 Windsim 软件，根据计算流体力学方法得到整个风电场不同扇区的流场情况，然后输入对应的测风塔 2010 年 8 月 1 日—2011 年 7 月 31 日 70 m 和 90 m 逐时风数据（其中测风塔 9001 为 70 m 数据，其余三塔为 70 m 和 90 m 数据），经模拟得到整个风电场区域 2010 年 8 月—2011 年 7 月一整年 70 m 以及 90 m 高度上的年平均风速分布图。

由图 6.14 可以看出,模拟风电场区域的风速分布相对来说比较均匀。70 m 高度的大部分区域的年平均风速在 5.5 m·s⁻¹ 以上。图中圆形标志为测风塔,三角标志为一期和二期工程风机位置,可以看出,一期工程风机所布位置大部分区域 70 m 高风速均在 6.0 m·s⁻¹ 以上,东南部少数几个风机所在位置风速大于 7.0 m·s⁻¹。二期风机位置在东部区域风速基本在 7.0 m·s⁻¹ 左右,而在西边小部分地区风机位置处风速在 6.5 m·s⁻¹ 以下。三期风场区域在西北-东南走向海拔较高的地方风速基本在 6.5 m·s⁻¹ 左右,其余地方风速较小。四期风场区域大部分地区风速在 6.0 m·s⁻¹ 左右,相对其他三个风场来说风速最小,但由于此区域地形较为平缓,区域内风速差异较小。

90 m 高度大部分区域的年平均风速达到 6.0 m·s⁻¹ 以上。一期风电场风机所在区域风速基本在 6.0 m·s⁻¹ 以上,东南部和西部大部分风机风速均在 7.0 m·s⁻¹ 以上。二期风场区域除西边小部分风机位置风速在 6.5 m·s⁻¹ 左右外,其余大部分风机位置风速均在 7.0 m·s⁻¹ 以上。三期风场大部分区域风速在 6.5 m·s⁻¹ 以上,很小一部分海拔较高的区域风速达到了 7.0 m·s⁻¹ 以上。四期风场大部分地区风速也在 6.5 m·s⁻¹ 左右,较 70 m 风速有了明显的提高。

风速随着海拔高度的增加逐渐增大,模拟区域的平均风速分布基本上反映出该区域的地形特点,海拔高度变化平缓的区域风速梯度变化小,海拔高度差异大的区域风速梯度变化大。总的来说,该风场区域具有较丰富的可供开发利用的风能资源。

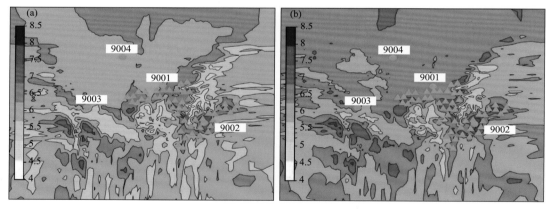

图 6.14 Windsim 模拟风电场区域 70 m(a)、90 m(b)高度平均风速分布(单位: m·s⁻¹)

(2)70 m 不同方向风资源

除依据测风塔数据对风场区域风资源进行模拟外,Windsim 软件本身基于计算流体力学可模拟出风场区域不同方向上各种变量(风速、湍流动能、湍流强度、切变、入流角等)的空间分布情况。从风电场四座测风塔的风向频率分布来看,四座测风塔的主导风向均为偏西北风和偏南风,因此这里主要分析主导风向的风能资源情况。

分析风电场区域风向频率较高的六个主要风向(分别为 WNW、NW、NNW、SSW、S 和 SSE)的 70 m 高度风速分布情况。从各风向风速对比来看,虽然风向频率在偏西北风方向和偏南方向差异不是很大,但偏西北的三个风向风速明显大于偏南方向的三个风向,这反映了风场区域冬季风显著大于夏季风。

　　在偏西北风的三个方向，NNW 风向上风速较大区域所占面积相较其他两个风向要大，这主要表现在四期风电场区域里，场址东部区域的风速在 NNW 方向上基本在 7.0~8.0 m·s⁻¹，仅在西部小部分区域风速在 7.0 m·s⁻¹ 以下，而在 WNW 和 NW 方向上四期风电场场址内除东部很小一部分区域风速大于 7.0 m·s⁻¹ 外，其他大部分区域风速在 7.0 m·s⁻¹ 以下。这种不同风向上的差异在一期风电场区域也有所表现。在 NNW 方向，一期风电场设置风机的位置风速均较高，大部分在 7.0 m·s⁻¹ 以上，而在 WNW 和 NW 方向上中部区域的部分风机位置风速则降到了 7.0 m·s⁻¹ 以下。

　　在偏南风的三个方向，风电场不同区域间的风速差异较为显著。一期风电场区域在 SSW 方向上中南部地区风速较大，在 7.0 m·s⁻¹ 以上，而在 S 和 SSE 方向上西部和东南部地区风速较大，基本在 7.0 m·s⁻¹ 以上，且在 SSE 方向风速较大区域的面积要大于在 S 方向上。二期风电场区域在偏西南地区风速较大，基本大于 7.0 m·s⁻¹，在 S 和 SSE 方向上则是东北部地区风速较大，在 7.0 m·s⁻¹ 以上。三期风电场区域在 SSW 方向上存在一条西北—东南走向的风速较大区域带，但在 S 和 SSE 方向上这种分布并不明显。四期风电场区域在 SSW 和 SSE 方向上中部地区风速较小，平均风速在 6.0 m·s⁻¹ 左右，但在 S 方向风速较小的区域分布略靠右侧，且区域面积明显小于 SSW 和 SSE 方向。

　　从不同风向的风速分布可知，风电场区域内不同高度不同方向上的风速分布情况存在一定的差异，而有些差异在总的风能资源分布图上并不能一一展现出来。在进行风机微观选址时，同时考虑总的风能资源分布和不同方向上的风能资源分布情况，可以更好地确定风机位置，以使其资源达到最优。

6.4.2.4　风电场区域不同方向湍流强度和切变分析

　　(1)湍流强度

　　Windsim 软件里的湍流强度是指基于各向同性湍流动能的湍流强度，其公式为：

$$I = \frac{\sqrt{\frac{4}{3}KE}}{\sqrt{v^2 + u^2}} \times 100 \tag{6.1}$$

式(6.1)中：I 为湍强度(%)；KE 为湍流动能(m²·s⁻²)；v 为南北方向的速度标量(m·s⁻¹)；u 为东西方向的速度标量(m·s⁻¹)。

　　图 6.15 为靖边某风电场区域六个主要风向(WNW、NW、NNW、SSW、S 和 SSE)的湍流强度分布。可以看出，在偏西北方向和偏南方向上湍流强度差异较大的区域主要在三期和四期风电场内，偏西北方向上三期和四期风电场区域湍流强度相较偏南风方向上要小。

　　在偏西北风的三个方向上，一期风电场区域内除东侧部分风机所在位置湍流强度在 15% 以下外，其他风机所在位置湍流强度基本在 15% 左右。二期风电场区域内大部分风机所在位置湍流强度较小，在 15% 以下，仅在西南侧有少部分风机位置湍流强度大于 15%。在 NNW 方向上三期风电场内大部分区域湍流强度在 15%~20%，而在 NW 和 WNW 方向湍流强度小于 15% 的区域明显增加。在 NNW 和 NW 方向上四期风电场大部分区域湍流强度基本在 15% 以下，在 WNW 方向只有北部小部分区域湍流强度小于 15%，大部分区域湍流强度在 20%～25%。

在偏南风的三个方向上,湍流强度的差异主要表现在一期和二期风场内,三期和四期风场在三个方向上的湍流强度分布基本一致。一期风场区域内 SSW 方向上南边部分风机所在位置湍流强度较小,在 15% 以下,在 S 和 SSE 方向上则没有这种表现。二期风场区域内大部分风机所在位置 SSE 方向上湍流强度均较小,在 15% 以下,而在 SSW 和 S 方向上湍流强度较小区域主要分布在风电场的东北部。三期和四期风电场区域内湍流强度基本在 15% 左右。

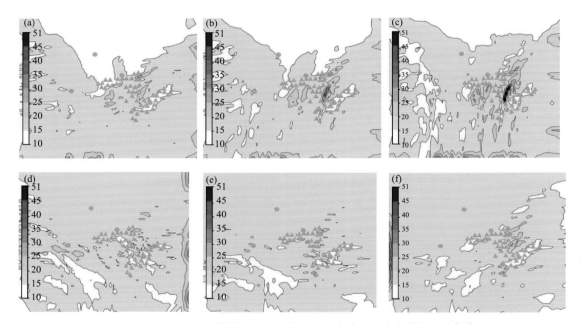

图 6.15   Windsim 模拟风电场区域 70 m 高度不同方向湍流强度(%)
(a)NNW,(b)NW,(c)WNW,(d)SSW,(e)S,(f)SSE

(2)风切变指数

Windsim 软件里的风切变指数是指风随高度分布指数定律中的风切变指数分量,用来计算风速廓线,这和我们平时定义的风切变指数意义是相同的,只不过这里的风切变指数是通过计算流体力学方法利用风电场区域内地形数据模拟得出的整个风电场区域的风切变指数分布。

图 6.16 为风电场区域风向频率较高的六个主要风向到 90 m 高度处切变指数分布情况。总的来说,在这六个主要风向上风电场内风切变指数基本在 0.07～0.3 变化,但风切变指数较高的区域主要集中在一期和二期风电场内海拔高度较低的地方。且相对来说三期和四期风电场区域风切变指数比一期和二期风电场内略大一些,这在选择风机轮毂高度时可以加以考虑。

在偏西北风方向,一期风电场区域仅在靠西侧几部风机处风切变指数大于 0.25,其余区域风切变指数均在 0.2 以下。而二期风电场风机区域风切变指数基本在 0.15 左右。三期风电场内风切变指数稍大,大部分区域在 0.2～0.25 变化,且风切变指数在区域内分布较为离散破碎。四期风电场东西两侧风切变指数略大,在0.25左右,中部区域风切变指数略小一些,在0.2左右。

在偏南风方向,一期风电场区域仅在靠东侧几部风机处风切变指数大于0.25,其余区域风切变指数均在0.2以下。而二期风电场风机区域风切变指数较偏西北方向略大,基本在0.2左右。三期风电场内在SSW方向上偏西北部存在一狭长区域风切变指数较大,其他大部分区域在0.2~0.25变化,且风切变指数在区域内分布较为离散破碎。四期风电场偏南部风切变指数略大,在0.2以上,北部区域风切变指数略小一些,在0.2以下。

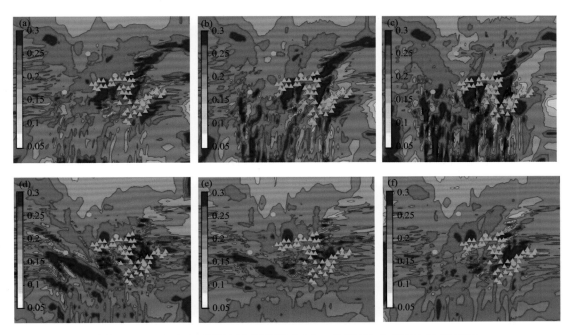

图6.16 Windsim模拟风电场区域到90 m高度处不同方向风切变指数
(a)NNW,(b)NW,(c)WNW,(d)SSW,(e)S,(f)SSE

6.4.2.5 风电场内风机排布的问题和建议

从一期和二期风电场风机布置来看,比较好地考虑了风电场的风向,结合风电场的主风向和主风能方向,风电场主风向和主风能方向均为偏西北风和偏南风,所以风电机组垂直于主风向进行排列。同时风机排列也考虑了当地的地形条件,充分利用了风电场的土地和地形,一期风场区域主要在一个南高北低的山梁上,地势开阔,可利用面积大,且整个风电场内落差较小,进行风机布置时可以充分考虑各风机间的间距,以减小各风机间的尾流影响。从测风塔数据模拟得到风电场区域的风资源图来看,风机所在位置70 m高度平均风速均在6.5 m·s⁻¹左右,南侧的几部风机平均风速达到了7.0 m·s⁻¹以上,偏北侧中部两座风机位置风速在6.0 m·s⁻¹左右,到90 m高度北边中部的几部风机所在位置风速在6.5 m·s⁻¹左右,而其他风机所在位置平均风速基本达到7.0 m·s⁻¹,可见,从平均风速分布来说,风电场北侧中部的几部风机所在位置相对来说风速略小。从Windsim模拟的整个区域流场的几个不同扇区的风相关变量看,在几个主要风向上,平均风速都呈现出在北侧中部地区较其他区域偏小的状态,湍流强度在风电场区域变化较小,相对来说西侧较其他区域略大一些,风切变指数也是西侧区域略大于其他地区,因此,总的来说,一期风电场内风电机组的排列布置是比较合理的,仅在北侧中部区域几座风机位置风速略小一些。

二期风场区域地形略微复杂,为几处向外伸开的山梁,区域面积较一期略小,布置风机时可依山梁走势排列,充分利用地形和土地资源。进行风机布置时可以充分考虑各风机间的间距,以减小各风机间的尾流影响。从测风塔数据模拟得到的风电场区域的风资源图来看,风场东北侧山梁顶部几座风机所在位置 70 m 高度平均风速均在 7.0 m·s⁻¹ 左右,依山梁走势往外往下分布风机位置平均风速在 6.5 m·s⁻¹ 左右,最西侧的几部风机位置平均风速较小在 6.0 m·s⁻¹ 左右,到 90 m 高度东北侧山梁顶部几座风机所在位置风速在 7.5 m·s⁻¹ 左右,除西侧几部风机位置风速在 6.0 m·s⁻¹ 左右外,其他风机所在位置平均风速基本达到 6.5 m·s⁻¹ 以上,可见,从平均风速分布来说,风电场东北侧山梁顶部的几部风机所在位置相对来说风速最大,而西侧海拔较低处风速最小。从整个区域流场的几个主要扇区的风相关变量看,在几个主要风向上,平均风速都呈现出在偏东北部大于偏西南部的分布状态,湍流强度在风电场区域变化较小,相对来说西南侧较东北区域略大一些,风切变指数在整个区域内变化不大,整体来看,二期风电场内风电机组的排列布置是比较合理的,仅在风电场西侧区域几座风机位置风速略小一些,因此,在风机间距允许的情况下,可以考虑在东侧多布风机而减少西侧风机的布置。

三期风电场为一个西北—东南向的不规则长形区域,场址内海拔东南高西北低,地形较一期略为复杂,东部地区地形较为平缓,西北部地区高差较大。风电场内主风向和主风能方向均为偏北和偏南风,且风向区间范围较大,各风向之间差异较小,进行风机排布时,既要考虑主导风向,也要依据地形走势,以使风机资源达到最优。从测风塔数据模拟得到的风电场区域的风资源图来看,风电场区域南侧边缘海拔较高处平均风速较大,70 m 高度和 90 m 高度均达到 6.5 m·s⁻¹ 左右(风速较大区域面积 90 m 高度明显大于 70 m 高度),90 m 高度还存在小部分零散区域风度达到 7.0 m·s⁻¹,偏西北侧风速较小,70 m 高度小部分地区平均风速在 5.5 m·s⁻¹ 左右,90 m 高度在 6.0 m·s⁻¹ 左右。风场偏北部风速较南侧边缘略小,70 m 和 90 m 高度分别在 6.0 m·s⁻¹ 和 6.5 m·s⁻¹ 左右。另外在东侧靠近一期风电场区域也存在小部分风速较大的区域。从整个区域流场的几个主要扇区的风相关变量看,在几个主要风向上,平均风速的分布也是南侧边缘和东侧靠近一期风电场区域风速较大,西北侧风速最小。湍流强度整个区域内差异不大,均较小。风切变指数在海拔低的区域较大,海拔高处略小一些。总的来看,三期风电场在进行风电机组布置时,风机应多排在偏南和偏东侧风速较大的区域,再往北伸展风速虽略小于南部边缘,但地势开阔,地域面积较大,也可选择合适的位置布置风机,偏西北部地区风速最小,应尽量少在此区域布置风机。

四期风电场为一个不规则的长形区域,除西部小部分地区外,其余地区地形较为平缓,地势南高北低,所在区域整体海拔较前三期略低,但占地面积最大。风电场内主风向和主风能方向均为偏西北和偏南风,主导风向明显。进行风机排布时,既要考虑主导风向,也要依据地形走势,以使风机资源达到最优。从测风塔数据模拟得到的风电场区域的风资源图来看,四期风电场区域风速分布相对来说较为一致,70 m 和 90 m 高度分别达到 6.0 m·s⁻¹

和 $6.5 \, \mathrm{m \cdot s^{-1}}$ 左右。70 m 高度在风电场西北侧边缘海拔较高处风速较大,达到 $6.5 \, \mathrm{m \cdot s^{-1}}$,但这种分布情况在 90 m 高度并不明显,说明随着高度增加地形对风速的影响逐渐减小。另外在风电场中部北侧和东侧边缘风速也较大,在 $6.5 \, \mathrm{m \cdot s^{-1}}$ 左右。90 m 高度在中部地区存在一块风速较小的区域,风速在 $6.0 \, \mathrm{m \cdot s^{-1}}$ 左右,其他地区风速在 $6.5 \, \mathrm{m \cdot s^{-1}}$ 左右。从整个区域流场的几个主要扇区的风相关变量看,在偏西北风的几个风向上,偏北部和东部区域风速较大,其他地区风速略小,70 m 高度这种分布更为显著;在偏南风方向上,区域内平均风速的差异较小,分布较为一致。湍流强度整个区域内分布一致,均较小。风切变指数在偏西北部地形复杂的区域最大,东部和南部较大,中间区域最小。总的来看,四期风电场在进行风电机组布置时,风机应多排在偏北和偏东侧风速较大的区域,再往南区域风速虽略小于南部边缘,但地势开阔,地域面积较大,也可选择合适的位置布置风机,偏西北部地区风速最小,地形复杂,应尽量少在此区域布置风机。

第 7 章
风电场气象灾害风险评估

随着风电场的大量兴建,风电机组的安全运行问题受到越来越多的关注。在影响风电场安全运行的诸多因素中,气象灾害对机组的危害是一个不容忽视的问题,极端气象灾害对风电场的安全运行造成的损害常常导致风电场内设备受损,发电效益降低。气象灾害一般包括天气、气候灾害和气象次生、衍生灾害。风电场一般建设在空旷的自然环境中,各种气象灾害都会或多或少危害风电场和相关人员安全。近几年来,由于冰冻、台风、雷击和盐雾等恶劣的气象条件影响,风电机组的振动、叶尖雷害、电气系统和控制元件损坏及由振动引发的机械损伤等问题频频发生,因此对风电场的气象灾害进行风险评估具有重要意义。就陕西来说,陕西地跨黄河、长江两大流域,涉及半干旱、半干旱半湿润、湿润半湿润三个气候区,境内山原起伏,有高原、山地、平原和盆地等多种地形,自然条件复杂,气候复杂多变,各种气象灾害频繁发生。陕西常见的威胁较大的气象灾害有干旱、暴雨、大风、寒潮、雷电、沙尘暴等。经研究,影响风电场安全运行的气象灾害主要有沙尘暴、极端低温、雷电、积冰、台风、暴雨、大风等。就陕西省而言,极端低温、雷电、暴雨、大风、沙尘暴和高温是影响风电场安全运行的主要气象灾害。

7.1 低温灾害风险评估

一般情况下,风电机组正常运行温度为 $-10℃\sim+40℃$,生存温度为 $-20℃\sim+50℃$。陕北长城沿线极端最低气温 $-30.0\sim-28.0℃$,榆林最低,达 $-30.0℃$,陕北南部和渭北地区最低气温 $-28.0\sim-20.0℃$,而这两个区域是陕西省风能资源最为丰富的地区,这里的风电场冬季基本都存在极端低温低于正常要求的情况。极端低温对电气设备、结构材料性能影响较大,低温使油体黏度增大,进而影响轴承、液压系统等(孙鹏 等,2008)。

7.1.1 低温灾害危险性评估方法

低温灾害危险性评估需要调查收集全省各国家气象站 30 a 以上长时间连续序列的数据资料,收集历史低温致灾因子信息,包括日最低气温、日最低气温 $<-10℃$ 日数和日最低气温 $<-20℃$ 日数。

低温日数越多,日最低气温越低,可能发生低温灾害强度越大,则低温灾害的危险性就越高。根据历史气象观测资料收集情况及低温灾害特点,对低温灾害的发生频次、强度分别开展综合分析,确定低温致灾因子,构建低温灾害危险性评估指标,开展低温灾害危险性评估。低温灾害致灾因子的危险性指数估算如下式所示:

$$H_{cold}=A\times T_{min}+B\times D_{cold10}+C\times D_{cold20} \tag{7.1}$$

式中:H_{cold} 为低温灾害危险性指数;T_{min}、D_{cold10} 和 D_{cold20} 分别是归一化处理后的三个致灾因子指数;A、B、C 为权重系数,可由信息熵权法计算,通过计算,在本研究中分别为:0.06、0.34 和 0.60。

基于各类型低温灾害危险性评估结果,对低温灾害危险性进行基于空间单元的划分。

并根据危险性评估结果制作评估图件。根据低温灾害危险性指标值分布特征,可使用标准差法,将低温灾害危险性分为 4 级(表 7.1)。

表 7.1　危险性等级划分标准

等级值	标准
Ⅰ	Hazard ≥ ave + σ
Ⅱ	ave ≤ Hazard < ave + σ
Ⅲ	ave − σ ≤ Hazard < ave
Ⅳ	Hazard < ave − σ

注:Hazard 为危险性指标值,ave 为区域内非 0 危险性指标值均值,σ 为区域内非 0 危险性指标值标准差。

7.1.2　低温灾害危险性评估

由图 7.1 可见,陕西省低温灾害危险性等级总体呈现由北向南逐渐降低的分布特征。榆林北部地区为高等级,榆林西部和中部、延安西北部及秦岭西部小部分高海拔区域为较高等级,延安大部、铜川西北部、咸阳北部、宝鸡北部、秦岭和巴山高海拔地区为较低危险等级,关中大部和陕南大部均为低危险等级。针对陕北北部和秦岭高山区的极端低温情况,可以根据实际情况选择低温型风机,将运行极端温度降低到 −30℃,生存温度降低至 −40℃,并在设备、材料选择上采用适合低温的材料。

图 7.1　陕西省低温灾害危险性评估图

7.2 雷电灾害风险评估

雷电是一种伴有雷击和闪电的局地对流性天气,是一种在积雨云云中、云间或云地之间产生的放电现象,雷暴发生时常伴有冰雹、大风、暴雨等多种极端天气现象。雷暴对风电场的危害十分严重。有研究发现,风机的有利位置往往与雷暴活动的区域重合。由于风电机组和输电线路多建设在空旷地带,尤其在地势较高的地方,裸露于雷雨云形成的大气电场中,很容易发生尖端放电而被雷电击中。对于建立在高海拔区(例如 1000 m)或在山脊、山顶的风电场,风机更是直接暴露在了雷电之中。雷暴发生时会产生强大的电流、炙热的高温、猛烈的冲击波、剧变的静电场和强烈的电磁辐射等物理效应,造成风电机组叶片损坏、发电机绝缘击穿、控制元件烧毁等,致使设备和线路遭受严重破坏,即使没有被雷电直接击中,也可能因静电和电磁感应引起高幅值的雷电压行波,在终端产生一定的入地雷电流,造成不同程度的危害。2013 年 3 月,广西多地出现雷电,其中资源县某风电场受雷电影响,4 台风机的箱式变压器损坏,直接经济损失 91 万元。

7.2.1 雷电灾害危险性评估方法

进行雷电灾害危险性评估需要收集处理以下资料:

(1)雷暴日资料:全省各县(市、区)国家气象站雷暴日观测资料。

(2)闪电定位资料:近 10 a 闪电定位资料,包括雷击的时间、经纬度、雷电流幅值等参数。剔除雷电流幅值为 0~2 kA 和 200 kA 以上的闪电定位系统资料。将区域划分为 3 km× 3 km 的网格,统计各网格内地闪频次,除以资料年限,得到各网格内地闪密度,并进行归一化处理,形成地闪密度格栅数据。

(3)地理信息资料:收集分辨率不低于 1:250000 的数字高程模型(DEM)数据、土壤电导率数据和土地利用数据。

基于上述数据资料,对全省雷电及其灾害特征进行统计分析,其中雷电定位资料按《雷电灾害风险区划技术指南》(QX/T 405—2017)中 5.2.2 的要求进行数据质量控制。

雷电灾害危险性评估模型由雷电灾害危险性指数计算和雷电灾害危险性等级划分组成,雷电灾害危险性指数计算包括致灾因子分析和孕灾环境分析。根据闪电定位数据统计各网格雷击点密度,并进行归一化处理;将雷电强度按百分位数法划分等级,统计各网格内不同雷电流幅值等级的雷击频次,并进行归一化处理,计算各网格内地闪强度;孕灾环境的影响因子包括海拔高度、地形起伏度、土壤电导率,分别进行归一化处理;根据致灾因子和孕灾环境影响因子,按照层次分析法确定权重系数,根据致灾危险性指数 RH 模型进行计算。

$$RH = (L_d \times w_d + L_n \times w_n) + (S_c \times w_c + E_h \times w_h + T_r \times w_r) \qquad (7.2)$$

式中:RH 为致灾危险性指数;L_d 为雷击点密度,w_d 为雷击点密度权重;L_n 为地闪强度,w_n

为地闪强度权重;S_c为土壤电阻率,w_h为土壤电阻率权重;E_h为海拔高度,w_h为海拔高度权重;T_r为地形起伏,w_r为地形起伏权重。

根据危险性指数RH计算结果,采用自然段点法划分危险性等级,并绘制致灾危险性分布图,完成雷电灾害危险性评估。

7.2.2 雷电灾害危险性评估

由图7.2可见,陕西省雷电灾害危险性等级呈现陕北、陕南高关中低的空间分布特征。榆林和延安东部、陕南南部地区雷电灾害主要为高危险等级,榆林中部、延安中东部和陕南北部大部分地区为较高危险等级,而榆林西部、关中大部和陕南中部小部分地区雷电灾害危险性等级最低。针对雷电灾害危险性等级较高的地区,必须采取完善的防雷接地措施,以减小雷电灾害对风电机组的影响。

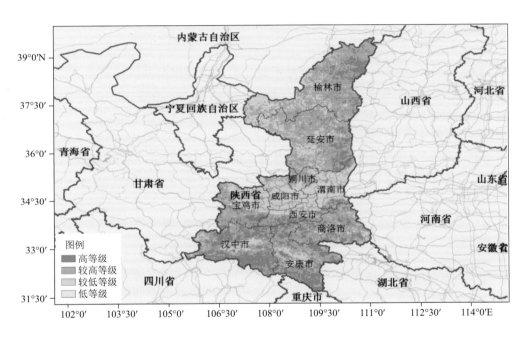

图 7.2 陕西省雷电灾害危险性评估图

7.3 暴雨灾害风险评估

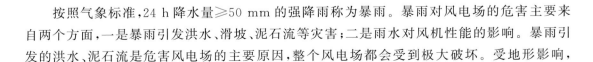

按照气象标准,24 h降水量≥50 mm的强降雨称为暴雨。暴雨对风电场的危害主要来自两个方面,一是暴雨引发洪水、滑坡、泥石流等灾害;二是雨水对风机性能的影响。暴雨引发的洪水、泥石流是危害风电场的主要原因,整个风电场都会受到极大破坏。受地形影响,

若风电场建设在地势较低的区域,或是风电场内排水、防洪措施不到位,风电场内易形成内涝,靠近地面的变压器、升压站等设备易被淹没损坏。山区里,暴雨引发山洪,可能会冲毁风电场中风机、房屋、道路等设施,甚至一些风电场在建设过程中遭到山洪破坏,损失惨重。2017 年 7 月 14—15 日,宜昌市五峰县出现了较大范围的强降雨,导致山洪暴发并诱发多处滑坡泥石流,对当地的房屋、道路、电力和通信等设施产生较为严重的危害,在五峰和湾潭两镇建设的北风垭风电场,受到此次强降雨诱发的山洪地质灾害的影响,使得 2017 年 9 月底首台风机并网发电的计划推迟。

7.3.1　暴雨灾害危险性评估方法

暴雨灾害危险性评估涉及以下名词,定义如下:

(1)日降水量:前一日 20 时到当日 20 时的累积降水量。

(2)暴雨:日降水量≥50 mm 的强降雨。

(3)暴雨日数:日降水量≥50 mm 的天数。

(4)大暴雨日数:日降水量≥100 mm 的天数。

(5)单站暴雨日:单个气象观测站日降水量≥50 mm 的降雨日。

(6)单站暴雨过程:单站暴雨日持续天数≥1 d 的或者间断日仅 1 d 且间断日降水量≥10 mm 的降水过程。

(7)暴雨过程开始日/结束日:暴雨过程首个/最后一个暴雨日。

暴雨基本特征主要通过统计多年平均月降水量,历年的暴雨、大暴雨日数、不同日数(1、3、5、10 日)累计最大降水量、不同历时(1、3、6、12、24 小时)累计最大降水量等因子进行分析。

暴雨过程特征主要通过统计分析暴雨过程累积降水量,最大日降水量,平均日降水量,过程持续天数,1、3、6、12、24 小时最大降水量等过程特征值实现。结合历年暴雨灾情,筛选确定过程累积降水量、持续天数、3 小时最大降水量、6 小时最大降水量、12 小时最大降水量为致灾因子,对 5 个特征量进行归一化处理,采用信息熵赋权法确定各个特征量权重,暴雨过程强度指数可表达为:

$$IR = A \times I_{3pre} + B \times I_{6pre} + C \times I_{12pre} + D \times I_{ap} + E \times I_t \tag{7.3}$$

式中:IR 为暴雨过程强度指数;I_{3pre} 为 3 小时最大降水量,A 为其权重;I_{6pre} 为 6 小时最大降水量,B 为其权重;I_{12pre} 为 12 小时最大降水量,C 为其权重;I_{ap} 为暴雨过程累积降水量,D 为其权重;I_t 为暴雨过程持续天数,E 为其权重。

暴雨致灾危险性包括暴雨强度和孕灾环境两方面,致灾危险性指数 ID 由下式计算:

$$ID = (1 + I_e) \times IS \tag{7.4}$$

式中:IS 为雨涝指数,可反映当地不同等级下的暴雨过程频次、过程雨强等暴雨灾害特征,按百分位数法将县域内所有暴雨过程的强度指数由小到大划分为极端、明显偏强、偏强、略偏强、一般共 5 个等级,统计单站各强度等级过程的发生频率,加权相加后即为各站的雨涝指数。

I_e 为孕灾环境影响系数,反映了地形、河网水系对暴雨致灾的作用,考虑孕灾环境影响,暴雨致灾危险性评估结果更接近实际情况；采用自然断点法对暴雨危险性指数进行区域划分，即为暴雨致灾危险性评估结果。

7.3.2 暴雨灾害危险性评估

由图7.3可见，陕西省暴雨灾害危险性等级以关中地区的渭南、咸阳和宝鸡东部、陕南的汉中西南部最高，关中南部和西北部、安康中部和商洛东部为较高危险等级，榆林大部、延安南部和陕南中部为较低危险等级，榆林西部、延安中部暴雨危险性等级最低。陕西省暴雨灾害危险性等级较高的区域主要分布在关中和陕南地区，风能资源最为丰富的陕北地区暴雨灾害危险性较小，但近年来随着气候变化的加剧，陕北地区的极端降水事件发生频率和强度均有所增加，因此暴雨对风电场带来的影响也要引起重视。

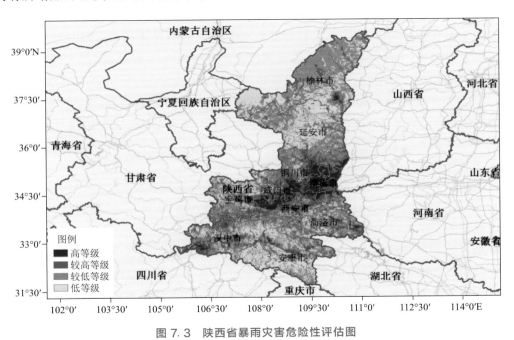

图7.3 陕西省暴雨灾害危险性评估图

7.4 大风灾害风险评估

测站出现瞬时风速达到或超过17.2 m·s^{-1}风为大风，一日出现过大风，作为一个大风日。产生大风的天气系统很多，如冷锋、雷暴、飑线和气旋等，特殊地形会形成局地大风。飑线是强对流天气的一种，沿着飑线可出现雷暴、暴雨、大风、冰雹和龙卷等剧烈的天气现象。飑线大风相比龙卷风持续时间更长，破坏范围更大，强风会破坏风机设备，使线路跳闸停电。龙卷风速极高，对风电场内设备造成巨大冲击，其内外气压差可能将建筑屋顶直接吸走，

另外龙卷裹挟的树枝、砖块等风致碎片会撞击下游其他物体造成破坏。寒潮是大规模强冷空气活动的过程,造成剧烈降温,伴随大风、冰雹、降雪等灾害性天气现象。受地形狭管作用影响,当气流由开阔地带流入地形构成的峡谷时,由于空气质量不能大量堆积,空气加速流过峡谷,风速增大形成峡谷大风,大风风力可达到10级以上,强风会破坏风电场。这些大风灾害会造成风电机组、集电线路、升压站、房屋建筑损毁,影响道路交通。极端大风事件不仅会影响风机的安全运行,还会威胁周边的公共安全,伴随的暴雨冰雹将进一步危害风电场的安全运营。

7.4.1 大风灾害危险性评估方法

大风灾害危险性评估需要调查收集全省各国家气象站30 a以上长时间连续序列的数据资料,收集历史大风灾害事件的基本信息,包括开始日期、结束日期、持续时间、影响范围;历史大风灾害事件的致灾因子信息,包括日最大风速和风向、日极大风速和风向等。

大风日数越多,大风发生越频繁,极大风速越大,可能发生强度越大,则大风灾害的危险性就越高。根据历史大风气象观测资料收集情况及大风灾害特点,对大风灾害的发生频次、强度、影响范围分别开展综合分析,确定大风致灾因子,构建大风灾害危险性评估指标,开展大风灾害危险性评估。最终选用大风的年平均次数(频次 P,d·a^{-1})、极大风速(强度 G,m·s^{-1})作为大风灾害致灾因子的危险性指数(H),H 估算如下式所示:

$$H = W_G \times G + W_P \times P \qquad (7.5)$$

式中:H 为大风灾害致灾因子危险性指数;P 为大风的年平均次数;G 为大风的极大风速大小;W_G、W_P 为致灾因子危险性各评价指标对应的权重系数,运用信息熵权法或专家打分法确定致灾因子权重,且 $W_G + W_P = 1$。

采用 ANUSPLIN 插值软件对大风致灾因子危险性进行空间插值,ANUSPLIN 插值软件是专门用于气候数据空间插值的一个软件,该软件基于薄盘样条函数方法,考虑到高程、海岸线等协变量对气象、气候因素的影响,能够得到精度相对较高的插值结果。

基于大风危险性指数,对致灾因子危险性进行四等级空间单元的划分,并根据结果运用GIS技术完成危险性评估。

7.4.2 大风灾害危险性评估

由图7.4可见,陕西省大风灾害以较低和低危险性为主。仅在榆林市北部小部分区域为高危险等级,榆林其余地区和秦岭高海拔区极小部分区域为较高危险等级,延安大部、关中北部和南部小部分区域、陕南商洛地区为较低危险等级,关中中部和陕南大部均为低危险等级。总体来说,大风灾害对陕西省风电场运行影响不大。

图 7.4 陕西省大风灾害危险性评估图

7.5 沙尘暴灾害风险评估

　　沙尘暴是指强风扬起地面沙尘,使空气混浊,水平能见度小于 1000 m 的风沙天气现象。沙尘暴破坏范围大,造成的受灾面积广,对风电场内各单元都有影响。沙尘暴发生时风力往往达 8 级以上,有时甚至可达 12 级,相当于台风登陆的风力,强风可能会吹倒或拔起大树、电杆,刮断输电线路,或是发生高压线路短路和跳闸事故,毁坏建筑物和地面设施,造成人畜伤亡,破坏力极大。若风电场建在迎风坡或地势较高的地区,沙尘暴来袭对土地的刮蚀,影响塔基稳定;若在背风坡或地势低洼的地区,其沙埋作用又可使塔架的高度发生变化,影响风能吸收和转换。

　　大风夹带的砂砾不仅会使叶片表面严重磨损,甚至会造成叶面凹凸不平,破坏叶片的强度和韧性,影响风电机组运行。若砂砾较大,还会直接破坏风机和房屋设备;大量沙尘使能见度降低,不利于交通安全;高尘沙浓度、强风沙流速的沙尘可能引起电力设备外绝缘闪络,应提前做好防护措施;风轮在沙尘暴中运行会急剧加速叶片的磨损,并且由于风力发电机的转动,各部转动轴的油封都将被吹入细沙尘,不仅加速了轴的磨损,还会破坏油封的密封性,使其原不该漏油,经过一次沙尘暴而漏油,不得不停机更换。沙尘暴过后,风机叶片上的沙尘应及时清理。除了沙尘暴侵袭,日常的扬尘积灰对风机叶片正常运行也有影响。研究表明,由于沙尘积累,叶片阻力增大,升力减小,降低风机的功率输出。

7.5.1 沙尘暴灾害危险性评估方法

进行沙尘暴灾害危险性评估需要收集处理以下资料:各气象站逐年沙尘暴灾害频次以及逐日最大风速、极大风速、最小能见度等基本气象要素。

选择发生沙尘天气(含沙尘暴、强沙尘暴、特强沙尘暴、扬沙、浮尘)年平均日数(频次,d·a^{-1})、极大风速平均值(强度,m·s^{-1})和最低水平能见度(km)作为沙尘暴灾害致灾因子,计算沙尘暴灾害的危险性评估指数(H)。

采用信息熵赋权法、层次分析法或专家打分法等对归一化处理后的沙尘暴的上述致灾因子分别赋予权重,加权相加后得到 Hazard(H)。

根据沙尘暴灾害危险性指标值分布特征,可使用标准差等方法,将沙尘暴灾害危险性分为4级。基于沙尘暴灾害危险性指数(H),对致灾因子危险性进行四等级空间单元的划分,并根据结果开展沙尘暴危险性评估。

7.5.2 沙尘暴灾害危险性评估

由图7.5可见,陕西省沙尘暴灾害以低危险性为主。仅在榆林市西北部小部分区域为高和较高危险等级,榆林其余地区为较低危险等级,延安大部、关中和陕南地区均为低危险等级。总体来说,沙尘暴灾害主要影响榆林地区,对全省其他地区影响较小。但陕北榆林地区是全省风能资源最丰富,风电开发最多的地区,故这里的沙尘暴灾害也应引起重视。

图 7.5 陕西省沙尘暴灾害危险性评估图

7.6 高温灾害风险评估

气象上将日最高气温≥35℃定义为高温日,将日最高气温≥38℃称为酷热日。中国把连续数天(3 d以上)的高温天气过程称之为高温热浪。高温主要影响风电机组、集电线路、升压站这几个涉及电力系统的单元。

高温会使电力线路超负荷,电力线路过载将威胁到电网的安全平稳运行。线路可能频繁跳闸,甚至造成变压器过热烧坏、损毁,引发主电力设备过载等故障,长时间处于高温环境也会影响风机中各组件寿命。霍林等(2017)研究发现,如果遇到高温天气且电力线路超负荷而线路又老化,而电器设备又长期处于高温运行状态,易引发用电故障,甚至引发火灾。高温影响到风电机组部件运行的安全性,所以风电机组只能限功率运行,甚至停机,影响到风电场投资的经济效益。

7.6.1 高温灾害危险性评估方法

进行高温灾害危险性评估需要收集处理以下资料。

(1)站点资料:全省各国家气象站日值数据,包括最高气温、平均气温、日较差等。

(2)高温过程资料:历年历次高温过程次数,高温过程持续日数,高温过程平均最高气温。高温过程(县级行政区范围)指国家级地面观测站连续 3 d 及以上日最高气温≥35℃。

(3)历史平均值和极值资料:统计各站历年和统计时段内的极端最高气温,高温日数,年均高温过程次数,高温过程年最多次数,年均高温过程持续时间,高温过程最长持续时间等。

综合考虑高温过程的强度、持续时间和发生频率等特征,定义一个高温危险性指数来综合考虑高温过程的强度、持续时间和发生频率等特征,该综合指数包括能够较好表征高温过程特征的关键性指标:高温日数、高温过程的平均最高温度、持续时间等,各指标进行无量纲处理,通过多个指标的加权综合得到危险性指数,评估每个气象站点所在地危险性。基于以下公式计算危险性指数:

$$H = \sum_{i=1}^{n} w_i \cdot x_i \tag{7.6}$$

式中:H 为致灾因子危险性指数;x_i 为第 i 种致灾因子归一化值;w_i 为第 i 种致灾因子权重系数。高温致灾因子指标 x_i 选择 4 项,指标分别为年均35℃以上高温日数、年均38℃以上高温日数、年均高温过程次数、年均高温过程持续时间。对高温危险性致灾因子采用归一化方法进行无量纲化。各因子权重系数由信息熵赋权法确定,确定权重占比分别为 0.2、0.4、0.25、0.15。

Anusplin 插值为薄盘光滑样条插值,薄盘光滑样条插值可以被看作广义的标准多变量线性回归,利用 Anusplin 插值方法得到高温灾害危险性指数,开展高温灾害危险性评估。

陕西风能资源及开发利用

7.6.2　高温灾害危险性评估

由图 7.6 可见,陕西省高温灾害呈现中、南部高北部低的空间分布特征。以关中东南部、安康南部地区危险性等级最高,其次为陕北黄河沿岸、关中中南部、商洛南部,陕北大部、关中西北部和陕南西部高温危险性等级最低。总的来说,风能资源最为丰富的陕北地区高温灾害危险性较小,但随着低风速风机的大规模使用,黄河沿岸、关中地区及陕南秦巴山区风能资源也具备一定的开发潜力,因此高温对这些地区带来的影响也要引起重视。

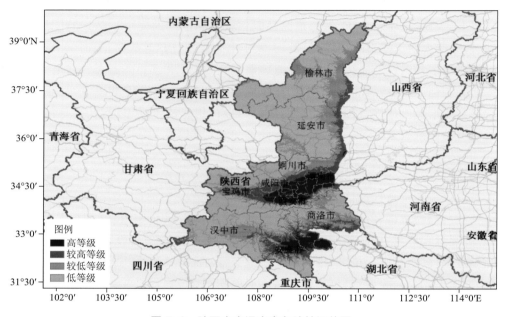

图 7.6　陕西省高温灾害危险性评估图

136

参考文献

包小庆,张国栋,2008. 风电场测风塔选址方法[J]. 资源节约与环境,6:55.

谌芸,田浩,宗翔,等,2007. 基于网格计算的 MM5 系统在青藏高原地区的应用[J]. 气象与环境科学,30 (1):4-9.

迟继峰,钟天宇,刘庆超,等,2012. 复杂地形多测风塔综合地貌及风切变拟合修正的风资源评估方法研究 [J]. 华电技术(11):75-77.

丁国安,朱瑞兆,1982. 关于低层大气风速廓线的讨论[J]. 气象(8):18-20.

杜燕军,冯长青,2010. 风电场代表年风速计算方法的分析[J]. 可再生能源,28(1):105-108.

冯双磊,刘纯,王伟胜,等,2009. 地形复杂的风电场资源评估误差分析方法[J]. 可再生能源,27(3): 98-101.

宫靖远,贺德馨,孙如林,等,2004. 风电场工程技术手册[M]. 北京:机械工业出版社.

龚强,袁国恩,张云秋,等,2006.MM5 模式在风能资源普查中的应用试验[J]. 资源科学,28(1):145-150.

洪祖兰,2007. 云南山区风电场选址的方法问题[J]. 云南水力发电,23(3):8-12.

胡卫红,王鸿元,王玮,2007. 风电场建设与运行中若干关键问题的探讨[J]. 华北电力技术(9):64-94.

霍林,谭萍,张婷婷,等,2017. 电力气象灾害时空分布特征及其影响分析[J]. 南方农业,11(20):83-84.

姜创业,孙娴,徐军昶,2011.MM5/CALMET 数值模拟在陕北风能资源评估中的应用[J]. 中国沙漠,31 (6):1606-1610.

科学技术部,国家电力公司,2002. 风电场风能资源评估方法:GB/T 18710—2002[S]. 北京:中国标准出 版社.

李明华,范绍佳,王宝民,等,2008. 珠江三角洲秋季大气边界层温度和风廓线观测研究[J]. 应用气象学报, 19(1):53-54.

李鹏,田景奎,2011. 不同下垫面近地层风速廓线特征[J]. 资源科学,33(10):2005-2010.

李强,李宏江,董旭光,等,2012. 基于数值模拟的山东威海区域风能资源评估[J]. 安徽农业科学(1): 457-462.

李晓燕,余志,2009. 基于 MM5 的沿海风资源数值模拟方法研究[J]. 太阳能学报,26(3):401-408.

李云婷,葛颖,张杰,等,2014.NCEP 气象数据结合 SRTM 地形数据的高海拔山区风资源评估方法[J]. 电 力建设,35(11):0112-0116.

李泽椿,朱蓉,何晓凤,等,2007. 风能资源评估技术方法研究[J]. 气象学报,31(5):708-717.

连捷,2007. 风电场风能资源评估及微观选址[J]. 电力勘测设计(2):71-73.

廖明夫,徐可,吴斌,等,2008. 风切变对风力机功率的影响[J]. 沈阳工业大学学报,30:163-167.

林芸,2007. 云南山区风能资源观测数据订正方法初探[J]. 云南水力发电,23(6):1-4.

刘彩红,马占良,李红梅,2011. 青海高原北部风能资源的高分辨率数值模拟初探[J]. 青海气象(3): 011-016.

刘敏,孙杰,杨宏青,等,2010. 湖北省不同地形条件下风随高度变化研究[J]. 气象,36(4):63-67.

刘学军,吴丹朱,1991. 城市建筑群对低层大气风速廓线影响的统计分析[J]. 气象,17(7):14-18.

路屹雄,王元,李艳,2009. 江苏风能资源代表年选择的方法比较[J]. 气象科学,29(4):524-526.

马惠群,曲宁,李超,等,2012. 风电场风切变指数研究[J]. 电网与清洁能源,28(6):88-90.

牛山泉,2009. 风能技术[M]. 刘薇,李岩,译. 北京:科学出版社.

潘丽丽,2009. 基于 WRF 模式的江苏沿海风能资源评估研究[D]. 南京:南京信息工程大学.

裴瑞平,田丽,魏安静,等,2016. 短期风功率自适应加权组合预测[J]. 重庆工商大学学报(自然科学版),33(2):26-29.

彭怀午,冯长青,包紫光,2008. 风资源评价中风切变指数的研究[J]. 可再生能源,28(1):21-23.

陕华平,肖登明,薛爱东,2006. 大型风电场的风资源评估[J]. 华东电力,34(2):15-18.

斯特风艾梅斯,2014. 风能气象学[M]. 张怀全,译. 北京:机械工业出版社.

孙海燕,梅再美,2008. 贵州山区山谷地形大边界层夏季风温廓线结构特征分析[J]. 陕西气象(4):5-6.

孙鹏,王峰,康智俊,2008. 低温对风力发电机组运行影响分析[J]. 内蒙古电力技术,26(5):8-17.

托尼·伯顿(美),等,2007. 风能技术[M]. 武鑫,等,译. 北京:科学出版社.

王有禄,沈檬,2008. 风电场代表年风速系列计算方法的探讨[J]. 新能源,6:69-76.

王仲颖,2013. 中国战略性新兴产业研究与发展:风能[M]. 北京:机械工业出版社.

吴培华,2006. 风电场宏观和微观选址技术分析[J]. 科技情报开发与经济,16(15):154-155.

许婷婷,2015. 风功率预测的场风速指标应用及其数值预报的修订[D]. 南京:南京信息工程大学.

杨振斌,薛桁,王茂新,等,2003. 卫星遥感地理信息与数值模拟应用于风能资源综合评估新尝试[J]. 太阳能学报,24(04):0536-0539.

于兴杰,孙金丹,2012. 风电场风资源代表年分析法[J]. 中国勘察设计(1):62-64.

袁春红,薛桁,杨振斌,2004. 近海区域风速数值模拟试验分析[J]. 太阳能学报,25(6):741-743.

张鸿雁,丁裕国,刘敏,等,2008. 湖北省风能资源分布的数值模拟[J]. 气象与环境科学,31(2):35-38.

张志英,赵萍,李银凤,等,2010. 风能与风力发电技术[M]. 北京:化学工业出版社.

赵鸣,唐有华,刘学军,1996. 天津塔层风切变的研究[J]. 气象,22(1):7-12.

赵伟然,徐青山,祁建华,等,2010. 风电场选址与风机优化排布实用技术探讨[J]. 电力科学与工程,26(3):1-4.

中国气象局,2007. 风电场气象观测及资料审核、订正技术规范:QX/T 74—2007[S]. 北京:气象出版社.

周荣卫,何晓凤,朱蓉,2010. MM5/CAMLET 模式系统在风能资源评估中的应用[J]. 自然资源学报,25(12):2101-2112.

ARCHER C L，JACOBSON M Z，2005. Evaluation of global wind power[J]. Journal of Geophysical Research，110(43)：D12110.

BROWER M，BAILEY B，ZACK J，2001. Applications and validations of the MesoMap wind mapping system in different climatic regimes[R]. Proceedings of Windpower 2001，American Wind Energy Association，Washington，DC.

TROEN I，ERIK L P，1989. European Wind Atlas[M]. Roskilde：Risoe National Laboratory.

附录

1 归一化方法

归一化是将有量纲的数值经过变换,化为无量纲的数值,进而消除各指标的量纲差异,有以下 3 种计算方法:

$$x' = 0.5 + 0.5 \times \frac{x - x_{\min}}{x_{\max} - x_{\min}} \tag{1}$$

式中:x' 为归一化后的数据;x 为样本数据;$x_{\min}$ 为样本数据中的最小值;$x_{\max}$ 为样本数据中的最大值。

max−min 标准化方法计算公式为:

$$x' = \frac{x - x_{\min}}{x_{\max} - x_{\min}} \tag{2}$$

式中:x' 为归一化后的数据;x 为样本数据;$x_{\min}$ 为样本数据中的最小值;$x_{\max}$ 为样本数据中的最大值。

log 函数转换归一化方法计算公式为:

$$Ix = \begin{cases} \log \frac{x}{a} + 1, & \text{当 } x \geqslant a \text{ 时} \\ \frac{x}{a}, & \text{当 } x < a \text{ 时} \end{cases} \tag{3}$$

式中:x 为原值;Ix 为无量纲化处理后的指标值;a 为基本值,为所有样本平均值与 0.5 倍标准差之和。

2 信息熵权法

在危险性、暴露度和脆弱性评价中涉及多评价因子的权重系数可由信息熵赋权法确定。信息熵表示系统的有序程度。在多指标综合评价中,熵权法可以客观地反映各评价指标的权重。一个系统的有序程度越高,则熵值越大,权重越小;反之,一个系统的无序程度越高,则熵值越小,权重越大。即对于一个评价指标,指标值之间的差距越大,则该指标在综合评价中所起的作用越大;如果某项指标的指标值全部相等,则该指标在综合评价中不起作用。

设评价体系是由 m 个指标 n 个对象构成的系统,首先计算第 i 项指标下第 j 个对象的指标值 r_{ij} 所占指标比重 P_{ij}:

$$P_{ij} = \frac{r_{ij}}{\sum_{j=1}^{n} r_{ij}} (i = 1, 2, \cdots, m; j = 1, 2, \cdots, n) \tag{4}$$

由熵权法计算第 i 个指标的熵值 S_i:

$$S_i = -\frac{1}{\ln n} \sum_{j=1}^{n} P_{ij} \ln P_{ij} (i = 1, 2, \cdots, m; j = 1, 2, \cdots, n) \tag{5}$$

计算第 i 个指标的熵权,确定该指标的客观权重 w_i:

$$w_i = \frac{1 - S_i}{\sum_{i=1}^{m} (1 - S_i)} (i = 1, 2, \cdots, m) \tag{6}$$

3 层次分析法

可采用层次分析法(Analytic Hierarchy Process,AHP)来确定各评估因子的权重。利用层次分析法确定权重,是将定量分析与定性分析结合起来,用决策者的经验判断各衡量目标之间能否实现的标准之间的相对重要程度,并合理地给出每个决策方案的每个标准的权数。

运用层次分析法解决问题的基本步骤如下:

(1)建立层次结构模型;

(2)构造判断(成对比较)矩阵。

通过各因素之间的两两比较确定合适的标度。在建立层次结构之后,需要比较因子及下属指标的各个比重,为实现定性向定量转化需要有定量的标度,此过程需要结合专家打分最终得到判断矩阵表格。

设要比较 n 个因素 $y(y_1,y_2,\cdots,y_n)$ 对目标 z 的影响,从而确定它们在 z 中所占的比重,每次取两个因素 y_i 和 y_j 用 a_{ij} 表示 y_i 与 y_j 对 z 的影响程度之比,按 $1\sim9$ 的比例标度(表1)来度量 a_{ij},n 个被比较的元素构成一个两两比较(成对比较)的判断矩阵 $\mathbf{A}=(a_{ij})_{n\times n}$。显然,判断矩阵具有性质:

$$\mathbf{A}=\begin{vmatrix} a_{11} & a_{12} & \cdots & a_{1n} \\ a_{21} & a_{22} & \cdots & a_{2n} \\ \vdots & \vdots & \vdots & \vdots \\ a_{n1} & a_{n2} & \cdots & a_{nn} \end{vmatrix}$$

$$a_{ij}>0\ ,\ a_{ji}=\frac{1}{a_{ij}}\ ,\ a_{ii}=1\,(i,j=1,2,\cdots,n) \tag{7}$$

表1 比例标度表

标度	定义(比较因素 i 与 j)
1	因素 i 与 j 同样重要
3	因素 i 与 j 稍微重要
5	因素 i 与 j 较强重要
7	因素 i 与 j 强烈重要
9	因素 i 与 j 绝对重要
2、4、6、8	两个相邻判断因素的中间值
倒数	因素 i 与 j 比较得判断矩阵 a_{ij},则因素 j 与 i 相比的判断为 $a_{ji}=1/a_{ij}$

(3)计算权重向量并做一致性检验

判断矩阵 $\mathbf{A}$ 对应于最大特征值 $l_{\max}$ 的特征向量 $\mathbf{W}$,经归一化后便得到同一层次相应因素对于上一层次某因素相对重要性的权值。计算判断矩阵最大特征根和对应特征向量,并不需要追求较高的精确度,这是因为判断矩阵本身有相当的误差范围。而且优先排序的数值也是定性概念的表达,故从应用性来考虑也希望使用较为简单的近似算法。

完成单准则下权重向量的计算后,必须进行一致性检验。定义一致性指标为:

$$CI = \frac{\lambda_{\max} - n}{n - 1} \tag{8}$$

$CI = 0$，有完全的一致性；CI 接近于 0，有满意的一致性；CI 越大，不一致越严重。

（4）层次总排序及其一致性检验

计算某一层次所有因素对于最高层相对重要性的权值，称为层次总排序。这一过程是从最高层次到最低层次依次进行的。

4 自然段点法

自然断点法（Jenks natural breaks method）是一种地图分级算法。该算法认为数据本身有断点，可利用数据这一特点进行分级。算法原理是一个小聚类，聚类结束条件是组间方差最大、组内方差最小。计算方法见下式：

$$SSD_{i-j} = \sum_{k=1}^{j} \boldsymbol{A}[k]^2 - \frac{\left(\sum_{k=1}^{j} \boldsymbol{A}[k]\right)^2}{j - i + 1} \quad 1 \leqslant i < j \leqslant N \tag{9}$$

式中：SSD 为方差；i、j 为第 i、j 个元素；$\boldsymbol{A}$ 为长度为 N 的数组；k 为 i、j 中间的数，表示 $\boldsymbol{A}$ 组中的第 k 个元素。

5 百分位数法

百分位数法又称为百分位数，是数据统计中一种常用的方法。具体定义为把一组统计数据按其数值从小到大顺序排列，并按数据个数 100 等分。在第 ρ 个分界点（称为百分位点）上的数值，称为第 ρ 个百分位数（$\rho = 1, 2, \cdots, 99$）。在第 ρ 个分界点到第 $\rho + 1$ 个分界点之间的数据，称为处于第 ρ 个百分位数。百分位数计算公式如下：

$$P_m = L + \frac{\left(\frac{m}{100}\right) \times N - F_h}{f} \times i \tag{10}$$

$$\text{或 } P_m = U + \frac{N\left(1 - \frac{m}{100}\right) - F_h}{f} \times i \tag{11}$$

式中，P_m 为第 m 个百分位数，N 为总频次，L 为 P_m 所在组的下限，U 为 P_m 所在组的上限，f 为 P_m 所在组的次数，F_h 为小于 L 的累积次数，F_n 为大于 U 的累积次数，i 为组距。

6 专家打分法

专家打分法也称为德尔菲法（Delphi），是指通过匿名方式征询有关专家的意见，对专家意见进行统计、处理、分析和归纳，客观地综合多数专家经验与主观判断，对大量难以采用技术方法进行定量分析的因素做出合理估算，经过多轮意见征询、反馈和调整后，来确定各因子的权重系数。该方法确定的权重系数能较好地反映出实际情况下各致灾因子在灾害形成过程的作用，但存在一定的主观因素。